BIBLIOTECA LA NAU, MINOR 26 • SERIE DIVULGAR CIENCIA

ANTROPOCENO Y CAMBIO CLIMÁTICO

onadaedicions.com
Benicarló

El VI Premio Internacional de Divulgación Científica Ciutat de Benicarló, convocado por el Ayuntamiento de Benicarló, se ha concedido a la obra presente. El jurado ha estado formado por Xavier Duran, Hèctor Sangüesa, Lluís Martínez y Miquel Àngel Pradilla. Actua como presidente Pedro Manchón Pau, concejal de Cultura, y como secretario, Rafa Sánchez. Los Premios Literarios Ciutat de Benicarló cuentan con la colaboración de Fundació Caixa Benicarló, IFF, INEOS Composites, Diputació de Castelló, Acadèmia Valenciana de la Llengua y Universitat Jaume I.

Constantino Armesto Ramón

Sara González Crespo

Antropoceno y cambio climático

¿Esperanza en el futuro o añoranza del pasado?

VI Premio Internacional de Divulgación Científica Ciutat de Benicarló

BIBLIOTECA LA NAU, MINOR 26

SERIE DIVULGAR CIENCIA

onadaedicions.com

Primera edición diciembre de 2021

Edita
ONADA EDICIONS
Plaça de l'Ajuntament, local 3
Ap. de correus 390 • 12580 BENICARLÓ
www.onadaedicions.com • onada@onadaedicions.com

Diseño de la colección y maquetación Onada Edicions
Corrección lingüística Rebeca Moya

ISBN 978-84-18634-55-0
Depósito legal CS-931-2021

Índice

Antropoceno y cambio climático

¿Esperanza en el futuro o añoranza del pasado?

Prólogo

El calendario marca el 11 de marzo de 2020 cuando la Organización Mundial de la Salud declara pandemia a la COVID-19, la mayor amenaza para la salud y prosperidad de la humanidad desde la Segunda Guerra Mundial. En Italia ya había empezado, en España iba a comenzar el confinamiento de la población para controlar la enfermedad iniciada en China pocos meses antes.

En los últimos decenios han aparecido decenas de nuevas enfermedades: el sida, el Ébola, el SARS, el virus del Nilo, el chikunguña, las vacas locas... Tres de cada cuatro son zoonosis, también lo es la COVID-19, lo que equivale a afirmar que la enfermedad se transmite de un animal a un ser humano. No debe extrañarnos tal abundancia de enfermedades zoonóticas porque la aparición de nuevos patógenos suele ocurrir en lugares donde la población humana ha invadido territorios silvestres: ha construido carreteras o minas, ha talado los bosques o ha practicado la agricultura. Al perturbar los ecosistemas vírgenes contactamos con los virus propios de los animales que en ellos viven. La Organización Mundial de la Salud, la Organización de las Naciones Unidas para la Alimentación y la Agricultura y la Organización Mundial de Sanidad Animal reconocen el problema en el año 2008, y plantean una estrategia para reducir los riesgos de las enfermedades infecciosas zoonóticas que, al mismo tiempo, respete la integridad de los ecosistemas, porque han constatado que la pérdida de los hábitats de la fauna resulta peligrosa para nosotros. Sí, los murciélagos, los primates o los roedores son reservorios de coronavirus, pero eso no implica que los transmitan a los humanos en las condiciones habituales: lo hacen, cuando nos ponemos en contacto con ellos. Puede que sea esa la causa de la pandemia o puede que el primer enfermo sea alguien que se infectó por accidente, cuando manipulaba los coronavirus en un laboratorio. En cualquier caso, la pandemia de la COVID quizá sea la primera señal indiscutible de que las actividades humanas pueden poner en riesgo el bienestar global de la humanidad.

En el año 2019, el presidente de Indonesia anunció que quería transferir la capital fuera de la isla de Java. ¿Por qué? En Indonesia, las inundaciones y los deslizamientos de tierra causados por las lluvias torrenciales son frecuentes, especialmente durante el período del monzón, y la situación empeora cada año. Yakarta, la cuarta ciudad más poblada del planeta y centro político, industrial y financiero del país, concentra una población de diez millones de personas, treinta millones en su área metropolitana. Yakarta, superpoblada y erosionada, se hunde inexorablemente en el suelo, tanto que los expertos estiman que su distrito norte, donde residen dos millones de habitantes, los más pobres, podría estar sumergido en el año 2050.

António Guterres, secretario general de la ONU, declara en el año 2021: "Las alarmas son ensordecedoras y la evidencia es irrefutable: las emisiones de gases de efecto invernadero por la quema de combustibles fósiles y la deforestación están asfixiando nuestro planeta y poniendo a miles de millones de personas en riesgo inmediato. El calentamiento global está afectando a todas las regiones de la Tierra".

En el año 2015 el papa Francisco, en la encíclica "Sobre el cuidado de la casa común", pide "combatir la degradación ambiental y el cambio climático", para evitar que la Tierra se convierta en "un inmenso depósito de porquería" porque "Nunca hemos maltratado y lastimado nuestra casa común como en los últimos dos siglos", y porque "El ritmo de consumo, de desperdicio y de alteración del medio ambiente ha superado las posibilidades del planeta, de tal manera que el estilo de vida actual, por ser insostenible, solo puede terminar en catástrofes." Ya es un hecho, comprobado por los ciudadanos de los países ricos, que ha aumentado el número de emigrantes que "huyen de la miseria de sus países empeorada por la degradación ambiental"; desgraciadamente, las consecuencias de la crisis ecológica "recaerán en las próximas décadas sobre los países en desarrollo".

Las circunstancias excepcionales —climáticas, químicas, geológicas o biológicas— en la superficie del planeta se repiten; la crisis ambiental existe, no es un invento de algunos científicos alarmistas. Sí, el calentamiento global y la modificación del ambiente afectan a la humanidad y le plantean un enorme desafío. Los chinos echan una rara maldición: "Ojalá vivas en tiempos interesantes". Tal vez porque el interés de los tiempos es directamente proporcional a los problemas planteados. Y hay muchas dificultades que deben ser solucionadas si queremos que la civilización perdure en nuestro planeta: los físicos avisan que el cambio climático es un hecho inevitable, los químicos que sustancias contaminantes han invadido los suelos, el aire y el océano, los biólogos que la sexta extinción biológica masiva ha comenzado, y los geólogos observan intensas mudanzas en los suelos y en los procesos sedimentarios de la superficie del planeta.

El Antropoceno ha surgido como un término popular utilizado por los científicos, el público y los comunicadores para designar el intervalo de la historia de la Tierra durante el cual los humanos hemos alcanzado una influencia decisiva sobre el estado presente y futuro del planeta. En el año 2000, Paul Crutzen —Premio Nobel de Química— y Eugene F. Stoermer acuñaron el término *Antropoceno* para nombrar el intervalo de tiempo actual, en el cual las actividades humanas han mutado muchos procesos geológicos. Procesos que incluyen cambios en la erosión de los suelos y en el transporte de los sedimentos asociados a la agricultura y urbanización, variaciones en la composición química de la atmósfera y de los océanos, perturbaciones de los ciclos del carbono, nitrógeno, fósforo y algunos metales, calentamiento global, acidificación de los océanos y propagación de las zonas muertas oceánicas. Sin olvidarnos de las alteraciones ambientales que han afectado a la biosfera, tanto en la tierra como en el mar, como resultado de la pérdida de hábitats, de la depredación, de la invasión de especies foráneas y de cambios físicos y químicos. Como consecuencia de todo ello, en el año 2016, el Grupo de Trabajo del Antropoceno (coordinado por Jan Zalasiewicz) ha considerado, después de una valoración que ha durado varios años, que el Holoceno ha terminado y que el Antropoceno es una época geológica dentro del período Cuaternario; con el mismo nivel jerárquico que las épocas Pleistoceno y Holoceno; y no se trata de unos científicos cualesquiera, pues el grupo se encuadra dentro de la Subcomisión de Estratigrafía Cuaternaria, órgano constituyente de la Comisión Internacional de Estratigrafía, la mayor organización científica de la Unión Internacional de Ciencias Geológicas.

Para ser aceptado como término formal, el Antropoceno debe reunir tres requisitos: estar científicamente justificado (es decir, las señales geológicas que se producen deben ser amplias, claras y distintivas), ser un término útil para la comunidad científica y ser ratificado por la Unión Internacional de Ciencias Geológicas. Comencemos por el final: por ahora, el término aún no ha sido ratificado en un Congreso Geológico Mundial. En cuanto al segundo requisito, el término informal *Antropoceno* ya ha demostrado su utilidad para la investigación del cambio climático global y de la sexta extinción biológica masiva, y así seguirá siendo utilizado. En cuanto al primero, vamos a describir, en las páginas siguientes, las señales y huellas geológicas, químicas, físicas, climáticas y biológicas que justifican el cambio de época. La faz de la Tierra ha cambiado. El desarrollo tecnológico acelerado, un rápido crecimiento de la población humana y un mayor consumo de recursos se han combinado para aumentar el uso de metales y minerales, de combustibles fósiles y fertilizantes agrícolas, también para transformar los ecosistemas y adaptarlos al uso humano. Pretendemos exponer los hechos y argumentos por los que creemos que la crisis ambiental, certificada por el cambio de época, el paso del Holoceno al Antropoceno, es una teoría científica fundamentada y no una opinión política de uno u otro signo ideológico. Porque antes de discutir las causas de este fenómeno global —si se debe al egoísmo de algunos o a la ignorancia de la mayoría— y proponer los remedios, la humanidad debe ser consciente del problema. Se trata de un asunto esencial que no podemos ignorar, porque, además del sufrimiento humano que ocasionará, los terrestres, llamémonos europeos, españoles o de cualquier otro lugar, nos jugamos nada menos que la pervivencia o la destrucción de la civilización.

La tesis que pretendemos divulgar ya la vislumbró alguien antes. Compruébese en estos párrafos que reproducimos:

"En esta fábula venía a sintetizar mi más honda inquietud actual, inquietud que, humildemente vengo a compartir con unos centenares —pocos— de naturalistas en el mundo entero. Para algunos de estos hombres la Humanidad no tiene sino una posibilidad de supervivencia..., frenar su desarrollo y organizar la vida comunitaria sobre bases diferentes a las que hasta hoy han prevalecido.

De no hacerlo así, consumaremos el suicidio colectivo en un plazo relativamente breve. Su razonamiento es simple. La industria se nutre de la naturaleza, y la envenena, y al propio tiempo, propende a desarrollarse en complejos cada vez más amplios, con lo que el día llegará en la que naturaleza sea sacrificada a la tecnología...

Esto no supondría renunciar a la técnica, sino embridarla, someterla a las necesidades del hombre y no imponerla como meta... simultáneamente, se procuraría armonizar naturaleza y técnica de forma que esta, aprovechando los desperdicios orgánicos, pudiera cerrar el ciclo de producción de una manera racional y ordenada...

... el verdadero progresismo no estriba en un desarrollo ilimitado y competitivo, ni en fabricar cada día más cosas, ni en inventar necesidades al hombre, ni en destruir la naturaleza... sino en racionalizar la utilización de la técnica, facilitar el acceso de toda la comunidad a lo necesario, revitalizar los valores humanos, hoy en crisis, y establecer las relaciones Hombre-Naturaleza en un plano de concordia...

El hombre, obcecado por una pasión dominadora, persigue un beneficio personal, ilimitado e inmediato y se desentiende del futuro. Pero, ¿cuál puede ser, presumiblemente, ese futuro? Negar la posibilidad de mejorar y, por lo tanto, el progreso, sería por mi parte una ligereza; condenarlo, una necedad. Pero sí cabe denunciar la dirección torpe y egoísta que los rectores del mundo han impuesto a ese progreso."

Esperamos que ningún lector haya aventurado que se trata de una arenga elaborada por un popular miembro de una organización ecologista, ni el alegato de un diputado verde, nada más lejos de la realidad. Son unos párrafos del discurso con el que Miguel Delibes, ilustre maestro de las letras contemporáneas, ingresó en la Real Academia de la Lengua Española. Escrito en el año 1975, creemos que, en lo esencial, se mantiene vigente.

Extinciones biológicas

El *Homo sapiens* apareció en el momento de mayor diversidad biológica de la historia de la Tierra; las poblaciones humanas contemporáneas, a medida que se expanden por todo el orbe y alteran la naturaleza, la están reduciendo: esta crisis de la biodiversidad constituye parte del cambio ambiental. Aquí, lo mismo que en todos los continentes y océanos, la biosfera de la Tierra corre el peligro de empobrecerse de forma irremediable: nada puede recuperar las especies animales o vegetales extintas. Aunque imposibles de calcular, las consecuencias serán perniciosas, porque se trata de un proceso irreversible y porque el valor de la flora y fauna se sigue sin apreciar ni tasar. Cada país tiene tres riquezas: la material, la cultural y la natural; entendemos las dos primeras porque forman parte de nuestra vida cotidiana; la última se toma menos en consideración, lo que constituye un grave error estratégico que lamentaremos en el futuro. La flora y fauna forman parte de la herencia de un país, fruto de millones de años de evolución, y por ello dignas de protección, como las lenguas, los puentes o las catedrales; además, constituyen una fuente potencial de riquezas materiales sin explotar, entre las que se cuentan posibles alimentos, medicinas y fibras textiles.

Los seres vivos, además de las fuerzas geológicas, han modelado la Tierra a la largo de su historia: el oxígeno del aire lo han fabricado bacterias y plantas, muchas cordilleras están constituidas por restos de conchas, el propio carbón y petróleo fueron en otro tiempo vegetales o plancton. Comemos animales y plantas: antaño la humanidad ha utilizado para su alimento siete mil especies vegetales, hogaño apenas unas pocas decenas; sin embargo, existen, al menos, setenta y cinco mil especies vegetales que ofrecen partes comestibles. Y no solo por motivos egoístas tenemos que cuidar la fauna y flora del planeta, es un deber moral legarlas a las generaciones futuras sin deterioro.

La explosión del Cámbrico

Los biólogos saben que la vasta diversidad de seres vivos terrestres evolucionó a partir de seres unicelulares que aparecieron en el planeta hace, por lo menos, tres mil quinientos millones de años; dotados de más complejidad, los animales y plantas surgieron miles de millones de años más tarde. Sin embargo, el proceso de complejidad creciente no fue uniforme: los grandes saltos evolutivos ocurrieron de manera súbita. Nos interesa uno de ellos: ocurrió en el Cámbrico, un período de tiempo que se inició hace quinientos cuarenta y un millones de años, donde los geólogos han fijado el tránsito entre la Tierra intermedia y la moderna. A comienzos de este período la biosfera experimentó un cambio profundo, nos referimos a este acontecimiento como la explosión del Cámbrico; en poco más de una decena de millones de años —un soplo en la escala de tiempo geológico— la fauna protagonizó una diversificación sin precedentes, se multiplicaron las formas vivas y aparecieron nuevas adaptaciones. Los diseños anatómicos que surgieron en ese intervalo temporal sirvieron de modelo para la fauna que observamos ahora: aparecieron los antecesores de la mayoría de los grupos contemporáneos del reino animal: moluscos, equinodermos (erizos y estrellas de mar), artrópodos (insectos incluidos), hasta un cordado, el tatarabuelo de todos los vertebrados, nuestro tatarabuelo. Y desde entonces no se han observado diseños nuevos. No se confunda el lector, aunque muchos de los planes de organización corporal actuales aparecieron durante el Cámbrico —y los animales complejos millones de años antes—, solo una mínima fracción de la fauna que habitaba entonces los mares ha dado origen a los organismos de nuestros días: muchos han sobrevivido hasta hoy, la mayoría no.

En el Cámbrico aparecieron grupos zoológicos a un ritmo que no se ha vuelto a repetir en toda la historia de la Tierra; animales radicalmente nuevos que carecían de competidores fundaron nuevos grupos (filos, si utilizamos la jerga técnica) que comparten la misma organización corporal básica; nunca, antes o después, vivió fauna tan diversa en el planeta. La aparición de tantos organismos diferentes transformó la naturaleza de las relaciones entre ellos. Numerosas criaturas evolucionaron para ocupar nichos ecológicos hasta entonces sin hollar; proliferaron los animales que se alimentaban de materia viva, en vez de abastecerse de materia muerta o de depender de las algas fotosintéticas; y la depredación fue el elemento clave en el establecimiento de las comunidades zoológicas pues instituye una cadena jerárquica de conexiones en la transferencia del alimento. Los animales cámbricos formaron un entramado de relaciones semejante a las que tejen los animales actuales, una organización basada en interacciones múltiples que no tiene punto de comparación con los ecosistemas precedentes: en otras palabras, en ese tiempo se organizaron los primeros ecosistemas complejos. Este período no solo asistió a la aparición de los grupos modernos de fauna, sino también al desarrollo de las comunidades animales y de los ecosistemas contemporáneos. ¿Qué provocó esta súbita diversificación? Todavía no tenemos certezas, pero sí sospechas plausibles: la flexibilidad genética y la existencia de nichos ecológicos que nunca antes se habían ocupado.

¿Por qué aparecieron, en un intervalo tan corto, tantos grupos animales distintos? Lo repentino del acontecimiento le ha merecido la reputación de ser la mayor paradoja de la biología evolutiva. ¿Por qué la revolución cámbrica sucedió en aquella época y no antes?, ¿por qué no han aflorado nuevos diseños corporales en los últimos quinientos millones de años?, ¿por qué son tan estables los filos antiguos? La explosión del Cámbrico continúa envuelta en misterio.

Extinciones masivas

Los primeros seres unicelulares tenían un mundo acuático solo para ellos. Pasaron miles de millones de años hasta que la Tierra alumbró el primer ser vivo que pudiéramos calificar como animal; y pasaron otros cientos de millones de años más hasta la llegada del Cámbrico, donde la vida animal compleja aumentó de manera espectacular para desaparecer, en parte, después. Así ha ocurrido hasta hoy, lento progreso de la diversidad biológica y rápidos retrocesos debidos a ocasionales extinciones en masa.

Antes nos fijamos en la diversificación de la vida, ahora corresponde enfocar la atención en su extinción. La historia de la biosfera está repleta de catástrofes; cabe señalar cinco por su enorme magnitud; en cinco ocasiones durante los últimos quinientos millones de años las extinciones masivas acabaron con familias enteras de animales de todo el orbe en tiempos relativamente cortos. Aclaramos: la desaparición de una familia de seres vivos es una tragedia mayor que la desaparición de una especie; pues una familia, la de los felinos, por ejemplo, agrupa a muchas especies: a los leones, tigres, panteras, pumas, leopardos, jaguares, gatos, guepardos y linces, entre otras. A pesar de su gravedad, las cinco extinciones masivas no fueron igual de drásticas. El setenta y cinco por ciento de las especies marinas desapareció a finales del Ordovícico; la extinción del Devónico fue casi igual de dura: se perdió el ochenta y tres por ciento de las especies marinas. La del Pérmico, la más drástica —casi desaparece la fauna del planeta—, acabó con el noventa y cinco por ciento de las especies marinas. Le siguió la del Triásico: desapareció el ochenta por ciento de las especies marinas; la última, la del Cretácico, que terminó con los dinosaurios, suprimió dos tercios de las especies animales entonces existentes. Los paleontólogos han identificado el momento en que ocurrieron las cinco extinciones masivas, hace cuatrocientos cuarenta y tres, trescientos cincuenta y nueve, doscientos cincuenta, doscientos uno y sesenta y seis millones de años, respectivamente. Desde la extinción del Pérmico, la diversidad ha aumentado lentamente hasta el máximo actual, el mayor de todos los tiempos.

Las extinciones biológicas son un indicio de grandes alteraciones y los científicos ya han averiguado las probables causas de las cinco mencionadas. Fluctuaciones intensas en el nivel del mar fueron el agente impulsor de la extinción del Ordovícico; la del Devónico se debió el impacto con un astro, al enfriamiento global y a la anoxia oceánica; la del Pérmico, a fluctuaciones climáticas y a una intensa actividad volcánica; el calentamiento global y una intensa actividad volcánica desencadenó la del Triásico; por último, el impacto con un astro procedente del espacio y una intensa actividad volcánica provocó la extinción de finales del Cretácico.

La catástrofe más conocida es la que extinguió los dinosaurios, además de dos de cada tres especies animales. A pesar de su gran magnitud, palidece cuando se la compara con el mayor desastre de todos, la extinción de finales del Pérmico: de los océanos desaparecieron alrededor de nueve de cada diez especies (la mitad de las familias), en tierra firme perecieron más de los dos tercios de familias de reptiles y anfibios. Tampoco los insectos escaparon al desastre, siendo la única vez que sufrieron una extinción de tal magnitud. Desde la aparición de los animales ningún acontecimiento alteró la historia de la vida tanto como esta extinción; cuya duración, probablemente inferior a un millón de años, implica que debieron sobrevenir condiciones ambientales calamitosas de manera súbita. ¿Qué pudo haberlas causado?

Cuando descubrieron las extinciones en masa, los paleontólogos creyeron que se trataba de sucesos graduales causados por una combinación de cambios climáticos y fuerzas biológicas; interpretación que cambió debido a la investigación de Walter Álvarez. El físico americano demostró que la extinción que eliminó a los dinosaurios ocurrió de una forma súbita: se debió fundamentalmente al impacto de un asteroide (el cráter de Chicxulub, en Yucatán, confirmó la hipótesis); el descubrimiento tuvo consecuencias inesperadas, pues durante un tiempo numerosos expertos creyeron que los asteroides o los cometas habían causado otras tres extinciones masivas; nuevas pruebas les obligaron a rectificar la hipótesis: los impactos fueron la excepción y no la norma. Una teoría explica de qué modo el calentamiento global pudo desencadenar la mortandad de finales del Pérmico. La actividad volcánica genera gran cantidad de dióxido de carbono y metano, gases que provocan un calentamiento global rápido; un océano más cálido absorbe menos oxígeno y la anoxia favorece el afloramiento de las bacterias del azufre desde el fondo marino hacia la superficie; como consecuencia, aumenta la cantidad del venenoso sulfuro de hidrógeno y disminuye la cantidad del oxígeno oceánico. Las bacterias del azufre colonizan ahora las aguas superficiales, ricas en sulfuro de hidrógeno: como consecuencia, los seres vivos oceánicos que respiran oxígeno se asfixian. No paran ahí los males, el gas sulfuro de hidrógeno se difunde al aire matando a las plantas y animales terrestres; sube a la troposfera donde ataca a la capa de ozono; sin la pantalla de ozono protectora, los rayos ultravioleta se encargan de liquidar la fauna restante. Parece que todas las posibilidades se aunaron para producir la catástrofe: descenso súbito del nivel del mar, inestabilidad climática, intensas erupciones volcánicas, aumento del dióxido de carbono, aumento posterior del nivel del mar, disminución del oxígeno atmosférico y anoxia oceánica. Durante un breve período de tiempo —miles de años, quizá— la propia Tierra se habría convertido en enemiga de la vida.

A finales del período Triásico la concentración atmosférica de dióxido de carbono superaba los mil ppm; hoy, con algo más de cuatrocientos, nos encontramos en una zona de seguridad, pero con una tasa de aumento de dos o tres ppm anuales, en el próximo siglo estaríamos cerca de mil; alcanzada esa cota, ¿cuánto tardaría en precipitarse una nueva catástrofe ambiental? Esperemos que nunca lleguemos a averiguarlo. Sabemos que en el pasado de nuestro planeta existieron extinciones masivas y creemos saber sus causas probables. ¿No es lógico pensar que si se reproducen las circunstancias se repetirán las extinciones? ¿Por qué la mayoría de los humanos se niega a reconocerlo?

Biodiversidad contemporánea

Si un extraterrestre aterrizara entre nosotros ¿Qué preguntas formularía? Las leyes de la física y de la química probablemente nada significarían para él: las conocería: son las mismas que en cualquier lugar del universo; la biosfera, las fuerzas evolutivas y el azar que hilaron el rico tapiz de la vida sobre la Tierra, es la característica distintiva de nuestro planeta. En resumen, el forastero probablemente indagaría sobre el número y la diversidad de los organismos del planeta; para nuestro sonrojo no podríamos aclarárselo, pues lo ignoramos. Si bien es cierto que el noventa y nueve por ciento de las especies que han existido se han extinguido, también lo es que, probablemente, en la actualidad, haya más variedades de criaturas que en cualquier otro momento de la historia de nuestro planeta. Los naturalistas han identificado menos de dos millones de especies de seres vivos, y estiman que podría haber ocho millones setecientas mil, lo que significa que tres de cada cuatro todavía no se han descubierto. Sumando musgos, helechos, coníferas y plantas con flores se conocen doscientas mil especies vegetales y más de un millón de especies animales; entre las que se encuentran cinco mil cuatrocientas especies de mamíferos, diez mil especies de aves, diez mil de reptiles, ocho mil de anfibios y veintiocho mil de peces; un millón de especies de insectos —el grupo animal más diverso—, cien mil de arácnidos, cuarenta mil de crustáceos, noventa mil de moluscos, y sesenta mil especies de gusanos anélidos, nematodos o platelmintos, otros grupos que no citamos completan el catálogo del reino animal; pasan de cuarenta mil las especies de hongos identificados, de los seiscientos mil que se estima que existen; completan la lista cuarenta mil especies de algas. ¿Que las cifras anteriores están redondeadas? Sí, por supuesto, los números son aproximados, porque se están descubriendo nuevas especies casi cada día. Y no hemos querido mencionar los seres unicelulares, los seres vivos más abundantes del planeta. Debemos matizar este catálogo de la biosfera que hemos esbozado pues no todos los biólogos tienen en cuenta la parcialidad humana hacia los vertebrados. El amante de la pintura podrá comprobarlo: tal vez haya visto *El paraíso terrenal*, pintado por

Jan Brueghel, el Joven, o la obra de Jan Brueghel, el Viejo *La entrada de los animales en el arca de Noé*, o quizá *El Jardín del Edén con la caída del hombre*, firmado por Peter Paul Rubens: la representación desmesurada de aves y mamíferos en los tres cuadros refleja el prejuicio hacia los otros grupos animales; prejuicio que se refleja en las cifras, pues conocemos más del noventa por ciento de la biodiversidad de los vertebrados, y menos del veinte por ciento de los otros grupos. "La literatura es un arte traidor y su predio está lleno, lo que se dice cuajadito, de cepos para los lobos de la retórica, trampas para los jabalíes de la sintaxis y veneno para las alimañas menores y todas hambrientas, del planteamiento, el nudo y el desenlace: la raposa, el lince, el gato garduño, la jineta y demás desvalidas criaturas del monte" ¿Ha constatado el sabio lector que Camilo José Cela ha escogido solo mamíferos para estas reflexiones zoológico-literarias?

Sexta extinción

El dodo, ave no voladora cazada en las islas Mauricio hasta su aniquilación durante el siglo XVII, fue el primer animal que los humanos se percataron de haber exterminado. Por vez primera, la humanidad notó que, después de matar el último dodo, ya no había más. Esta simpática ave —que Lewis Carroll representó en *Alicia en el País de las Maravillas*— no solo simboliza las especies amenazadas de extinción, sino también señala lo que, probablemente, puede ocurrir en la Tierra. Durante los últimos quinientos millones de años, la biodiversidad ha aumentado lentamente hasta el máximo actual, el mayor de la historia de la vida; sin embargo, como resultado de la actividad humana, decae a un ritmo sin precedentes: la mayoría de los biólogos califican el fenómeno como la sexta extinción masiva de seres vivos. El final del dodo es el preludio de una profunda transformación que conduce a la biosfera, y a todos los que pertenecemos a ella, hacia un incierto destino.

Tenemos pruebas de que las distintas especies de seres vivos nacen y mueren a una escala de millones de años; las cinco extinciones masivas precedentes se consideran excepciones en la historia de la vida de los últimos quinientos cuarenta y un millones de años. ¿Estamos en otra excepción? ¿Nos hallamos ante una nueva extinción masiva? Para contestar a la pregunta se impone conocer la tasa de extinción natural y la tasa de extinción actual. Al escéptico contumaz le diremos que la medida de los dos números citados presenta cierta ambigüedad; aun así, siete de cada diez expertos estiman que está en marcha una extinción masiva, los otros tres hablan de una "extinción a secas". Según Robert May, el ritmo de extinciones que se supone había antes de la aparición de los humanos se ha multiplicado por mil, y se ha acelerado durante el último siglo.

Si la vida media de una especie alcanza un millón de años, lo natural sería que se extinguiera una especie al año, de cada millón. Siguiendo una línea de razonamiento equivalente, de las diez mil especies existentes de aves cabría esperar que se extinguiera una cada siglo; en realidad se extingue una cada año: la tasa de extinción de aves centuplica la natural. Obtenemos resultados similares si enfocamos la atención en los mamíferos: diversos métodos proporcionan tasas de extinción cincuenta o cien veces superiores a las naturales.

En el año 1968 existían doce especies de plantas brasileñas amenazadas de extinción; en 1992, ciento siete; en 1997, mil trescientas ochenta; en 2003, más mil quinientas. Si la amenaza a la biodiversidad continuara a este ritmo, Brasil acumularía un doble título: sería el país de la megabiodiversidad y de la megaamenaza. Y si el fenómeno solo afectara a Brasil... Según la Lista Roja de Especies Amenazadas elaborada por la Unión Internacional para la Conservación de la Naturaleza (UICN), en el año 2016, veinticuatro mil trescientas siete especies están amenazadas de extinción; extintas ochocientas sesenta. Y nadie puede recuperar las especies extinguidas, no existe parque Jurásico semejante al cinematográfico. La Tierra contemporánea corre el peligro de empobrecerse en biodiversidad; en muchos lugares ya es demasiado tarde para la recuperación: en Hawái ya no se hallan aves de sonoro nombre como los *akialoa*, *ou*, *nukupuu* y es probable que también el *po'ouli* haya desaparecido. No es necesario trasladarse a lugares remotos para percatarnos del cambio: la pesca del pez reloj anaranjado o de la anguila europea decayó en pocos decenios.

Borneo, por la acelerada deforestación de su selva tropical en apenas medio siglo, es uno de los paradigmas de destrucción de la naturaleza en Asia. ¿Y España? ¿Se conserva o destruye la flora y fauna de nuestro país? Aquí, se ha logrado que mamíferos y aves grandes tengan protección, pero los anfibios, aves y peces pequeños desaparecen rápidamente. Un caso ilustrativo: el agua de la marisma de Doñana —la mitad se extrae de pozos ilegales— se usa en el cultivo de fresas: la exportación de productos agrarios deja los acuíferos secos. ¿Qué sucederá entonces con los animales y plantas que viven en los humedales?

Las actividades humanas —la caza, la introducción de especies exóticas y la destrucción de hábitats— están ocasionando la sexta extinción masiva y, por si fuera poco, estamos inmersos en un calentamiento global. La desaparición biológica, indudablemente, nos afectará, pues el período de recuperación de la biodiversidad —millones de años— carece de sentido en la escala temporal del *Homo sapiens*; recordemos que, después de la extinción del Cretácico, pasaron de cinco a diez millones de años antes de que la biodiversidad retornara a sus niveles originales.

Ignorancia humana

Los humanos razonamos de forma lineal: si desaparece el cinco por ciento de las especies animales al destruir el diez por ciento de la selva, inferimos que se perderá el doble de fauna al arrasar el doble de selva. La deducción es errónea; la respuesta de los ecosistemas habitualmente no es lineal —igual que ocurre con otros sistemas complejos—; ello significa que la magnitud de la perturbación es proporcional, pero no directamente proporcional a sus consecuencias. Fijémonos en los cárabos; si se destruye una cantidad crítica de bosque, se extinguirá esa población de aves, aunque quede bosque abundante; y lo mismo sucede con otras poblaciones animales. En los ecosistemas existen puntos críticos, transiciones abruptas, análogas al paso del estado líquido al gaseoso. En un lago al que se vierte nitrógeno puede observarse el mismo fenómeno. En un principio continúa en su estado original; sin embargo, a partir de un umbral de exceso de nitrógeno, las aguas originalmente prístinas se volverán turbias; y de una elevada concentración de oxígeno disuelto y gran biodiversidad pasarán a ser invadidas por unas pocas especies de algas que consumirán todo el oxígeno. Desgraciadamente, el efecto es irreversible; para recuperar el lago limpio no llega con sacarle el exceso de nitrógeno: debemos extraer mucho más. La alteración de una red trófica a menudo presenta efectos insospechados; la sobrepesca de grandes tiburones, por ejemplo, ha permitido que los depredadores intermedios devasten ostras, vieiras o almejas; las vieiras proliferan de nuevo cuando se prohíbe la pesca de tiburones. La matanza de lobos ocasiona una proliferación de ciervos, que ramonean y destruyen los sauces y álamos jóvenes e impiden la regeneración forestal; se restringe la matanza de lobos y el bosque se recupera. En resumen, nuestro planeta está cambiando a un ritmo nunca visto y nosotros poco sabemos de cómo responderán los ecosistemas a esas mutaciones.

¿Qué especies vamos a conservar?

Los médicos castrenses han adoptado un protocolo que usan solo en situaciones extremas, cuando el tiempo, los medios o ambos escasean; le llaman *triaje* y consiste en hacer algún tipo de selección de pacientes; las decisiones son dolorosas pues condenan a muerte a algunos heridos, pero se consideran esenciales para la salvaguarda de la vida de la mayor parte de ellos.

No queda más remedio, por doloroso que sea; se deben adoptar sistemas de selección para decidir qué especies salvar y cuáles no; incluso sabiendo que ninguno es perfecto y que en todos ellos hay especies ganadoras y perdedoras. Si priorizamos los criterios funcionales para favorecer a las

especies que desempeñan una función única en la naturaleza; los pinos de corteza blanca proporcionan alimento a los osos pardos y el lobo regula las poblaciones de herbívoros, se condena entonces al delfín fluvial chino porque no cumple función alguna. Si prevalecen los criterios evolucionistas para preservar la diversidad genética, seleccionamos al cóndor de California o al camello bactriano o a la salamandra gigante china y condenamos a los parientes salvajes de las gallinas, ovejas y cabras. Un tercer método se fija en la conservación de puntos calientes —lugares ricos en biodiversidad— para salvar ecosistemas enteros; los bosques tropicales o los arrecifes de coral albergan numerosas especies; los manglares, en cambio, son menos diversos.

Puntos calientes

Resulta evidente que las tasas de extinción no son geográficamente uniformes. Podría suponerse que las extinciones se concentraran allí donde hubiera mayor densidad de población humana: la realidad es otra. En Europa y Norteamérica se registran pocas extinciones. En cambio, la tasa de extinción se dispara cuando las actividades humanas afectan a algunas regiones concretas, regiones donde se concentran numerosas especies incapaces de vivir en otros hábitats; por ello hoy, en la selva brasileña y no en un campo de cereales francés, nuestra generación toma decisiones que afectarán al futuro de la biodiversidad del planeta. Conservaremos la biodiversidad si identificamos y protegemos enclaves críticos; la naturaleza ha creado una cantidad insólitamente grande de especies muy vulnerables, las ha colocado en un número reducido de enclaves: en estos está el peligro. La tala de un bosque, la destrucción de un arrecife de coral o el drenaje de un humedal eliminan las especies que presentan un área de distribución restringida con mayor rapidez que las que gozan de más amplia distribución. Tanto los países pobres, donde se encuentran muchos ecosistemas críticos, como los países ricos, no obtienen beneficio, sino perjuicio de la pérdida de la biodiversidad. Aquellos porque pierden combustible, comida, agua o pesca que el mar y el bosque les proporcionan si se destruye la naturaleza; estos porque, sin advertirlo, pagan para subsidiar actividades destructivas. Cuesta creerlo, aunque se haya hecho el cálculo global: las subvenciones públicas —pagadas con el dinero de los ciudadanos— han logrado que la cantidad de dinero empleado en obtener el pescado supere al importe del dinero conseguido en su venta. Perdemos naturaleza y riqueza al mismo tiempo. ¿Podemos alimentarnos y mantener la biodiversidad? Sí. ¿Acaso salvar la flora y fauna requiere el retorno de la humanidad a un estilo de vida preindustrial? No. Los costes asociados a la conservación de la biodiversidad son grandes; también los beneficios, asegura Stuart Pimm.

Extinción de anfibios

Los biólogos han identificado una de las amenazas más críticas a la biodiversidad global: la dramática mengua de las poblaciones de los anfibios en todo el mundo durante los últimos decenios. Se estima que tres mil doscientas especies de anfibios, alrededor de un cuarenta por ciento de su biodiversidad, se encuentran en peligro de extinción, y más de ciento sesenta y cinco pueden estar ya extintas. Si cabe, la situación resulta más alarmante todavía, pues disminuye la población en más especies, indicando que la amenaza probablemente aumentará en el futuro. Si bien en Francia se consumen, cada año, entre sesenta y ochenta millones de ranas, para degustar sus deliciosas ancas, no es Europa, sino Sudamérica la región más afectada. Un dato nos revela la magnitud del aprieto: en la Española, isla ocupada por la República Dominicana y Haití, entre el ochenta y el noventa por ciento de las especies están en peligro de extinción.

Los biólogos han averiguado que los anfibios pueden adaptarse a los cambios provocados por los humanos si los hábitats se modifican lentamente, como en Europa durante los tres últimos milenios; sin embargo, las últimas alteraciones se han producido con tal celeridad que estos animales no pueden adaptarse a ellas con suficiente rapidez y se extinguen. Sabemos que la fragmentación y destrucción de los hábitats constituye la mayor amenaza a la biodiversidad de los anfibios, seguida del aumento de la radiación ultravioleta consecuencia del debilitamiento de la capa de ozono, de la introducción de especies foráneas, de la toxicidad ambiental, de las enfermedades y del cambio climático. Sin embargo, resulta más perturbador que los biólogos ignoren las razones concretas por las que muchas poblaciones menguan. Después de todo, quizá las ranas, sapos y salamandras sean indicadores de la calidad del ambiente. ¿Por qué? Viven en todo tipo de hábitats, tanto terrestres como acuáticos, su piel, permeable, los vuelve más sensibles a las toxinas ambientales, y no emigran, por lo que su salud registra las condiciones locales.

Los mineros llevaban un canario a las minas de carbón para que la salud del ave les indicase la calidad del aire que respiraban; si el pájaro moría, los trabajadores sabían que había llegado el momento de abandonar la mina a toda prisa. Los anfibios pueden ejercer la misma función de detectores de la calidad del ambiente; pero no en una mina, sino en todo el planeta.

Extinción de los mamíferos

Los mamíferos viven en todos los ecosistemas terrestres: han colonizado la húmeda jungla y los secos desiertos, los fríos hielos polares y las cálidas aguas tropicales, los enrarecidos ambientes de las altas cumbres y las fértiles sabanas o praderas. De las cinco mil cuatrocientas ochenta y siete especies vivientes, la Unión Internacional para la Conservación de la Naturaleza y los Recursos Naturales (IUCN) considera que alrededor de mil, el veintitrés por ciento, se encuentran en riesgo de desaparecer y la amenaza es máxima para ciento ochenta y ocho, entre las que se halla el lince ibérico, el delfín del Irrawaddy, el gorila de montaña, el leopardo de las nieves, el rinoceronte de Java, el orangután de Sumatra, el tigre y el elefante asiático. No se trata de una amenaza baldía, pues más de ochenta especies se han extinguido en el último medio milenio.

Las principales amenazas que afectan a los mamíferos son la desaparición de los hábitats naturales propiciada por la colonización humana, la introducción de especies exóticas, la caza furtiva y la sobrepesca. La agricultura en primer lugar y a continuación la minería, la tala de árboles, la sobrepesca y la proliferación urbana destruyen los hábitats de, entre otros, los linces, leones y tigres. Las ballenas y los rinocerontes, aquellas capturadas como alimentos y estos cazados por sus cuernos se hallan en niveles críticos. La caza indiscriminada, practicada como deporte, caso del antílope azul, o por sus pieles, como el visón de mar, o para suprimir las amenazas para el ganado —el lobo marsupial o el lobo de las Malvinas— ha acabado con estos animales. Los humanos no mostramos piedad con los mamíferos —mapaches, venados, osos, monos— que se alimentan de nuestros cultivos; o representan un peligro para la circulación; o transmiten plagas, como la rabia y la peste; o son agresivos —el león, el tigre y el oso pardo se habían extendido por gran parte del globo hasta tiempos recientes, en la actualidad han ido desapareciendo de la mayor parte de él—. La invasión por el hombre de ecosistemas aislados —islas— y la introducción de especies extrañas en ellas, como el perro o el gato, la cabra o la oveja, el conejo, la rata y el ratón, ha ocasionado la extinción de muchos marsupiales en Oceanía, y la desaparición de los lémures gigantes y de los nesofontes (parientes de los topos y musarañas) de las Antillas.

Un prestigioso equipo de científicos internacionales, encabezado por William J. Ripple, en el que se encuentra el profesor español Vicente López Bao, publicó en BioScience (2016) el artículo "Salvando la megafauna terrestre del mundo" cuyo comienzo reproducimos: "Desde el Pleistoceno tardío hasta el Holoceno y ahora al llamado Antropoceno, los seres humanos han impulsado una serie continua de extinciones de especies. Los grandes mamíferos tienen un mayor riesgo de extinción que los más pequeños... De hecho, muchos estarían en condiciones mucho peores en ausencia de acciones de conservación. Sin embargo, la mayoría de la megafauna de mamíferos se enfrenta a drásticas contracciones de su población. De hecho, el cincuenta y nueve por ciento de los carnívoros más grandes y el sesenta por ciento de los herbívoros más grandes están clasificados como amenazados de extinción en la Lista Roja de la Unión Internacional para la Conservación de la Naturaleza (UICN). Esta situación es particularmente grave en el África subsahariana y en el Sudeste Asiático, que alberga la mayor diversidad de la megafauna existente. Las especies en peligro de extinción incluyen algunos de los animales más emblemáticos del mundo, como los gorilas, los rinocerontes y los grandes felinos; desafortunadamente, desaparecen justo cuando la ciencia descubre su papel ecológico esencial." Podemos añadir más palabras, pero la idea no se puede expresar mejor.

Aves en peligro

Allí, en la ondulada extensión de la tierra, silban los mirlos en los crepúsculos de la primavera, se asientan en otoño las bandadas de vencejos y celebran sus juicios los cuervos durante el invierno... por ahora.

Los cuervos Hugin y Munin susurraban noticias al oído de Odín, el dios de los vikingos. El trono Mogol de la India, trasladado después a Persia, se denominó *pavo real*. El tímido quetzal era sagrado en Centroamérica. Los búhos se asocian con la brujería en África o con la sabiduría en Europa. Las abubillas eran sagradas en el Egipto faraónico, símbolos de la virtud en Persia, ladronas en Europa y presagio de guerra en Escandinavia. Los nobles medievales usaban los halcones en cetrería; los chinos todavía pescan con cormoranes; durante los últimos dos mil años, por lo menos, las palomas han portado mensajes. Los loros y canarios son populares mascotas, con el plumón de patos se construyen edredones y algunas plumas todavía adornan los sombreros. No nos olvidamos de que el guano se usó como magnífico fertilizante. Cierto, el ser humano tiene un intenso vínculo con las aves; y aún no hemos mencionado las aves de corral ni las cinegéticas. Las aves han fascinado a los científicos y viajeros, por lo que su distribución y abundancia a través del tiempo han sido mejor documentados que los de otros organismos. Judit K. Szabo, Nyil Khwaja, Stephen T. Garnett, Stuart H. M. Butchart (2012) revisaron el momento, las regiones y las causas de las extinciones aviares desde el año 1500 al 2000, e identificaron doscientos setenta y nueve extinciones (ciento cuarenta y una especies, y ciento treinta y ocho subespecies).

Las aves están presentes en todos los continentes: gorriones, guacamayos, halcones, avestruces, cisnes, gallinas, palomas, chotacabras, vencejos, grullas, cigüeñas, gaviotas y águilas viven en la mayoría de los hábitats terrestres; sin embargo, la mayor diversidad se observa en las regiones tropicales; América del Sur, América Central, México y las Antillas contienen el mayor número de especies, unas tres mil setecientas (más de la tercera parte mundial).

En 1662, los humanos advirtieron, por primera vez, que habían exterminado a un animal: triste privilegio para el dodo de las islas Mauricio. No fue el único. Mil trescientas trece —el trece por ciento de las aproximadamente diez mil especies de aves en el mundo— corre el riesgo de extinción, según un informe (2016) de BirdLife International (la autoridad oficial designada por la IUCN para elaborar la Lista Roja de especies). Solo en los últimos decenios se han extinguido veintiuna especies, compárese con la tasa natural de un ave extinta cada siglo. Y, aunque el grupo más amenazado lo constituyen los loros y cacatúas, el peligro afecta a toda la avifauna, pájaros, rapaces, gallináceas o patos. ¿Las causas? Algo más de la mitad de las extinciones se atribuyen a la introducción de especies invasoras; la caza, agricultura y ganadería le siguen en importancia como factores de extinción.

El mencionado estudio de Judit Szabo concluye "La tasa de extinción se ha acelerado en las últimas décadas".

Océanos esquilmados

¿Las poblaciones de peces están diezmadas? Al ver las merluzas, sardinas y bacalaos presentes en las pescaderías, quizá muchos lectores tengan la equivocada impresión de que no existe tal escasez. ¿Por qué muchos contemporáneos nuestros consideran que la pesca apenas afecta a los animales marinos? Suponemos que tan equivocada apreciación se debe al recuerdo de tiempos pasados, cuando los balleneros vascos, los atuneros andaluces o los pescadores gallegos afrontaban los peligros del mar en frágiles barcos de madera. Jean Baptiste de Lamarck escribió: "Los animales que viven en... el mar... están protegidos de la destrucción humana. Su multiplicación es tan rápida y tan grandes sus medios para evadir la persecución o las trampas, que no existe la menor probabilidad de que el hombre pueda acabar con una especie". Disculpamos las afirmaciones del prestigioso biólogo porque vivió entre 1744 y 1829; resulta inexcusable, en cambio, que nuestros contemporáneos ignoren que la productividad de los océanos es limitada. Por su ignorancia o egoísmo numerosas poblaciones de peces han menguado sobremanera y se han desestabilizado los ecosistemas marinos. Puesto que la fauna salvaje se regenera a ritmos determinados por la naturaleza, habrá que poner un tope al aumento de capturas; un límite que ya se ha sobrepasado en todos los mares. La pesca alcanzó un máximo en 1989, ochenta y dos millones de toneladas; desde entonces las capturas y el tamaño de los pescados han tendido al estancamiento o la mengua, aunque los pescadores faenan en aguas cada vez más alejadas de la costa y a profundidades cada vez mayores. La sobrepesca ha esquilmado las plataformas continentales costeras que rebosaban antaño de bacalaos, salmones, lubinas o merluzas; los océanos han perdido el noventa por ciento de los grandes peces. Numerosos análisis demuestran que las pesquerías corren peligro de desplomarse debido a la sobrepesca. ¿Cómo se produjo tal desastre? A mediados del siglo xx hubo una explosión de técnicas pesqueras: radar, sonar, satélites, sistemas de posicionamiento, aviones, barcos que son grandes factorías, artes de faena de vastísimas proporciones, redes de arrastre como campos de fútbol que esquilman el fondo, palangres y extensas redes de deriva; las flotas industriales tardan unas pocas decenas de años en diezmar la biomasa de una población previamente no sometida a explotación. La presión pesquera es tan intensa, que cada año se extraen del ochenta al noventa por ciento de la población de algunas especies; y un gran número de individuos se pescan antes incluso de que se hayan reproducido. Desgraciadamente, el estrago afecta a todo el globo. Es necesario un cambio de perspectiva en todos nosotros: ya no podemos considerar al mar como un proveedor generoso cuyas misteriosas profundidades contienen recursos inagotables.

Extinción de insectos

El paisaje del agave, Patrimonio Mundial de la Humanidad, depende de la polinización por los murciélagos, sin ellos no se reproduciría la planta de la que se extrae el sabroso tequila mexicano; la mariposa alas de pájaro, el colibrí y el pájaro sol o suimanga carmesí son símbolos nacionales de exóticos países, de Sri Lanka, Jamaica y Singapur, respectivamente. Además de las cuatro citadas, existen decenas de miles de especies animales que también son polinizadoras. La zoopolinización, el transporte de polen del órgano masculino de una flor al órgano femenino, desempeña una función vital en la naturaleza, pues casi el noventa por ciento de las flores silvestres dependen de los animales para su fecundación; nos referimos a plantas fundamentales en tanto que proporcionan alimentos, forman hábitats y proveen recursos para una amplia variedad de flora y fauna. Y no solo eso, más de las tres cuartas partes de los principales cultivos alimentarios mundiales dependen de los zoopolinizadores, tanto de los silvestres como de los gestionados por los humanos. Los silvestres, la gran mayoría, comprenden más de veinte mil especies de abejas, mariposas, polillas, avispas y escarabajos, también incluyen algunas especies de moscas, aves, murciélagos y algunos otros animales. Entre los gestionados por los humanos, figuran la abeja melífera occidental (*Apis mellifera*), la abeja melífera oriental (*Apis cerana*), algunos abejorros, ciertas abejas sin aguijón y unas abejas solitarias; de uno de ellos, la abeja melífera occidental, el polinizador administrado por los humanos más diseminado en todo el planeta, existen ochenta y un millones de colmenas. No resulta difícil adivinar que los polinizadores son imprescindibles colaboradores para la producción de frutas, vegetales, semillas, nueces y aceites que registran un valor en el mercado (2015) entre doscientos mil y seiscientos mil millones de dólares.

La Plataforma Intergubernamental sobre Biodiversidad y Servicios del Ecosistema (IPBES), organismo de la ONU encargado de proteger la biodiversidad del planeta y remediar la desaparición de polinizadores, emitió un documento en el año 2016 titulado "Valoración de polinizadores, polinización y producción de alimentos"; en él, los zoólogos informan que han observado un alarmante descenso de la población de abejas, mariposas y polinizadores silvestres, especialmente en Europa occidental y Norteamérica; aunque se han registrado disminuciones locales en otras partes del mundo, la falta de datos impide formular una afirmación general. Si bien es cierto que el número de colmenas de abejas melíferas occidentales ha aumentado durante los últimos cinco decenios, en los últimos años, ha habido una pérdida elevada en las zonas templadas del hemisferio norte y en Sudáfrica.

En la Lista Roja de la Unión Internacional para la Conservación de la Naturaleza (IUCN) puede leerse que uno de cada seis polinizadores vertebrados está amenazado de extinción. No se cuenta con una evaluación mundial de los insectos polinizadores, pero sí se dispone de alguna información: en Europa, las poblaciones de abejas han disminuido un treinta y siete por ciento, y las de mariposas un treinta y uno. La IUCN considera que más del cuarenta por ciento de las especies de abejas podría estar amenazada. En resumen: tanto la abundancia como la diversidad de los polinizadores está en peligro.

El informe de la IPBES también confirma que los plaguicidas (especialmente los insecticidas, que tienen una amplia variedad de efectos letales y subletales, en parte desconocidos a largo plazo) suponen una amenaza global para los polinizadores: "aunque no sabemos todo, en muchos casos hay claras conclusiones". Entre las otras amenazas que se han identificado figuran la agricultura intensiva, la contaminación ambiental, las especies exóticas invasoras, los patógenos (ácaros Varroa) y el cambio climático.

El veterinario de una asociación de apicultores de Murcia se quejaba, en un programa de radio emitido en el año 2017: no hay abejas, ni mariposas, ni siquiera vemos algún insecto cuando nos desplazamos por la localidad. "La región rebosa plaguicidas", concluía. Esperemos que nunca un melómano, tras escuchar "El vuelo del moscardón", tenga que recurrir a una foto o a un documental, para conocer al animal protagonista de la composición musical de Nicolái Rimsky-Kórsakov.

Selvas tropicales

A los habitantes del siglo XXI nos cuesta imaginar que queda un continente habitado por descubrir a treinta o sesenta metros por encima del suelo. Nos referimos a la bóveda de la selva húmeda tropical, zona de copas arbóreas donde mora la mitad de las especies vivientes que reina en el planeta. Resulta difícil observarla desde el suelo porque la vegetación la tapa; es difícil llegar allí debido a la extrema altura de los árboles —superan frecuentemente los veinticinco metros por encima del sotobosque—; y también es peligrosa la visita porque, por si fuera poco, alberga multitud de serpientes, arañas, escorpiones y peligrosos insectos. Para estudiar la bóveda forestal los botánicos deben convertirse en montañeros, y tender una red de sogas y poleas a treinta metros del suelo, que les permita la movilidad. Como es lógico, entre el sotobosque (el área inferior cerca del suelo) y la zona superior, en la que aparecen las copas de los árboles más altos que superan los cincuenta metros de altura, se distinguen zonas intermedias, donde se hallan los arbustos y árboles de porte más pequeño. El sotobosque, por culpa de la espesa vegetación que tiene encima, apenas recibe el uno por ciento de la luz solar; no sucede así con las plantas del dosel superior que, perfectamente iluminadas, forman complejas comunidades vegetales que contienen numerosas especies. Sobre los árboles gigantescos se desarrollan multitud de epifitos; bellísimas plantas como las orquídeas, otras no tan bellas como los líquenes, musgos y helechos, y las bromelias; un asombrado ecólogo identificó cincuenta epifitos en un nogal del paraíso y dejó sin clasificar otros cincuenta. También se observa, en esta rica comunidad, el mortal abrazo de los ficus y las clusia a los árboles, cuyos troncos, dentro de una especie de caparazón, se pudren y mueren; y los abundantes bejucos que, como las lianas y los filodendro, trepan por los troncos y ramas, hasta las copas, de las que se dejan caer. La selva tropical tiene un talón de Aquiles; la extrema pobreza de su suelo vuelve muy frágil al ecosistema porque, carente de reserva de nutrientes para permitir su restablecimiento después de la deforestación, tarda un milenio en regenerarse.

Aunque existe una gran variedad de polinizadores en la selva, desde las mariposas y abejas, hasta las aves, reptiles y mamíferos, los animales raramente cambian de escalón, apenas si se da un intercambio de polen entre los distintos niveles; en otras palabras, cada nivel vertical de bosque tiene sus propios vegetales y animales, incluidos sus polinizadores. A semejanza de las barreras geográficas que impulsan la creación de especies, la enorme biodiversidad reinante en la selva tropical húmeda se debe a la estratificación vertical de los polinizadores.

Nos hallamos ahora en una única hectárea de la selva peruana; contiene trescientas especies de árboles; la mitad del número de especies que viven en toda Norteamérica. Nos desplazamos, sin cambiar de país, a un retazo de selva de cinco kilómetros cuadrados: viven ahí mil trescientas especies de mariposas y seiscientas especies de aves; en todos los Estados Unidos no pasan de cuatrocientas las primeras y de setecientas las segundas. En la misma jungla, un entomólogo identificó cuarenta y tres especies de hormigas en un único árbol; aproximadamente el mismo número que existe en toda Gran Bretaña. Resulta evidente que, por graves que sean, los episodios locales de destrucción biológica son insignificantes en comparación con la hecatombe producida por la tala e incendio de las selvas tropicales; porque ellas albergan la mayor parte de la biodiversidad del planeta. Cierto, en las selvas tropicales vive la mitad de las especies… por lo menos; porque los biólogos sospechan que la proporción podría aumentar al noventa por ciento si pudieran realizar el censo completo, pues suponen que, aun habiendo descrito millón y medio, hay varios millones de especies sin catalogar.

Y la selva tropical ya se ha reducido a menos de la mitad de su extensión original. Fijémonos en una región concreta, la Amazonia, Patrimonio de la Humanidad y una de las siete maravillas naturales del mundo. Por lo general, la ocupación humana de un territorio transcurre en tres etapas: en un principio se efectúan actividades relacionadas con la extracción de madera, a continuación, se quema y, por último, se caza y destruye el hábitat; un proceso que lleva aparejado la pérdida de especies en muchos casos irreemplazables. La Amazonia presenta una rápida deforestación, pese a que, en ella, se encuentra más de la mitad de los bosques tropicales del mundo: durante el quinquenio 2000 a 2005, la deforestación anual media alcanzó los veintisiete mil kilómetros cuadrados, un área algo menor que la de Galicia, y la deforestación acumulada sobrepasó los ochocientos cincuenta y siete mil kilómetros cuadrados, lo que significa que un sexto de la cobertura vegetal de la región se ha perdido. Desgraciadamente, no se cuenta con la suficiente información para elaborar una lista completa de las especies amenazadas en la Amazonia.

Arrecifes de coral

Los oceanógrafos saben que Julio Verne, el escritor de *Veinte mil leguas de viaje submarino*, se anticipó a los buceadores modernos; buceadores que aseguran que, en el mar, no hay paisajes submarinos comparables al fascinante reino del coral. En los tibios mares del coral, entre la sumergida selva pétrea, se experimenta la sensación de volar, de desplazarse ingrávido en una masa de amplia visibilidad, que pasma al intrépido visitante con la policromía de sus habitantes. Flotando en las inmediaciones de las estructuras coralinas, asomándose entre sus grietas o arrancando las partículas del arrecife que les sirve de cobijo, se observan innumerables criaturas, como los peces papagayo, los peces ángel y los peces mariposa, cuyos diseños cromáticos parecen salidos de la paleta de un pintor; tan rico es el colorido que uno de los peces ha recibido el nombre pez Picasso. La selección natural ha perfeccionado los colores de los inquilinos de estos jardines marinos para evitar encontronazos cruentos; los peces, convertidos en semáforos vivientes, avisan a sus congéneres que defenderán encarnizadamente su parcela de arrecife. Algunos hay que, armados de espinas venenosas, se visten de filamentos parecidos a plumas —se les llama gallinas de mar— para anunciar a cualquier transeúnte que el portador del estandarte mata; otros transportan señales para ser reconocidos por sus protectores, que sacrificarían a cualquier intruso que careciese de tarjeta de visita, como el pez limpiador que se introduce en la boca de la raya gigante o el pez anémona que se refugia entre los urticantes tentáculos de su anfitrión. Y quienes no son lo suficientemente rápidos para escapar, presentan asombrosos mimetismos, asemejándose a las rocas, a las algas o a la arena. Pero toda esta fauna apenas se aleja de la protección del edificio coralino, porque sus llamativas libreas atraerían a los predadores del mar abierto. La competencia entre congéneres y la lucha entre predadores y presas han transformado el arrecife de coral en un jardín polícromo que no encuentra parangón en otra parte del mundo.

Se distingue desde el espacio: la Gran Barrera de Coral, en la costa nororiental de Australia, es el conjunto de arrecifes coralíferos más extenso del mundo. Cuatrocientos tipos de coral, mil quinientas especies de peces y cuatro mil variedades de moluscos forman parte de este rico ecosistema; el Gran Arrecife de Coral, construido por diminutos invertebrados dotados de esqueletos de carbonato cálcico, que se agregan para formar comunidades gigantescas, se extiende sobre dos mil seiscientos interminables kilómetros de longitud.

John Veron, el mayor experto del coral del mundo, explica en *Un arrecife en el tiempo: La Gran Barrera de Coral de principio a fin* (2008) por qué la Gran Barrera de Coral de la costa australiana, la mayor del mundo, y el resto de los arrecifes coralinos del Pacífico e Índico, tanto en Japón y Filipinas, como en Indonesia o Zanzíbar, se enfrentan a una extinción masiva que quizá se produzca antes de que mueran los lectores más jóvenes. La región central del Índico-Pacífico, incluida la bien gestionada Gran Barrera de Coral australiana, era la principal fuente de biodiversidad para los ecosistemas coralinos del planeta, pensaban los naturalistas en las décadas centrales del siglo xx. A principios de los años ochenta se observó una pequeña agregación de esqueletos blancos en la Gran Barrera, apenas una curiosidad; a continuación, todo se volvió blanco y murió; en ocasiones, el óbito solo afectaba a los corales de crecimiento rápido, pero en otras, ejemplares de cuatro, cinco o seis siglos perecieron también. El primer episodio a gran escala se produjo en 1981 y 1982; el siguiente, entre 1997 y 1998, afectó a los arrecifes de cincuenta países: coincidió con las temperaturas más elevadas registradas durante el período; durante el episodio de 2001-2002, peor aún que los anteriores, se confirmó la vinculación del blanqueo con los ciclos climáticos.

El efecto de la subida de dos o tres grados centígrados por encima de la temperatura máxima que pueden resistir los corales (treinta y un grados en la Gran Barrera), sumado a una fuerte iluminación, han resultado letales para su vida, considera Iain McCalman. Las algas que viven en el coral, proporcionándole color y alimento, reaccionan liberando grandes cantidades de oxígeno, que pronto resultará venenoso. El coral debe expulsar a las algas para no morir intoxicado, pero la acción lo acabará matando de hambre porque expulsa a quien lo alimenta. Si el océano se enfría, los arrecifes de coral pueden recuperarse; desgraciadamente los océanos siguen calentándose, por tanto el blanqueo de los corales y la destrucción de los arrecifes aumentan en todo el mundo con rapidez. Otro caso nos sirve para testimoniar el fenómeno: los arrecifes del este de Indonesia, que se extendían a lo largo de miles de kilómetros, en la última década del siglo xx se han reducido a escombros.

En el siglo xxi los corales se enfrentan a otras dificultades causadas por las actividades humanas: los océanos se acidifican a medida que el dióxido de carbono atmosférico se disuelve en ellos. Cuando el agua alcance un grado de acidez capaz de disolver los esqueletos coralinos, los arrecifes se destruirán. ¿Qué consecuencias ecológicas se encadenarán?

En 2016, la Gran Barrera de Coral australiana —Patrimonio de la Humanidad— ha batido el récord de blanqueamiento. Dos tercios de los corales han muerto en la zona más afectada, la zona norte, según ha informado el Centro de Excelencia ARC para estudios de arrecifes de coral. Agregamos un último dato nada optimista: la Gran Barrera de Coral también es el hábitat del mamífero marino dugongo y de la gran tortuga verde, ambos en peligro de extinción.

La mayor parte de la humanidad ha asumido que los océanos son infinitos y el mundo marino indestructible. Yerra. Y todos pagaremos la ignorancia de muchos y el egoísmo de unos pocos.

Manglares

En la intersección de la tierra con el mar viven los mangles, árboles retorcidos de raíces aéreas que ocupan una región de calor abrasador, lodo profundo y salinidad extrema, que mataría a cualquier otra planta; forman bosques pantanosos —manglares— en los estuarios, bahías, lagunas, canales y ensenadas, donde se mezcla el agua dulce del un río con la salada del mar. Los mangles se han adaptado a este hábitat maloliente debido a sus raíces aéreas, que captan el oxígeno en marea alta y lo transportan a las raíces sumergidas, encargadas de anclar el árbol a la tierra inundada y captar los nutrientes del agua. ¿El exceso de sal? Lo expulsan por las hojas. A través de este singular mecanismo los mangles pueden vivir con una parte de sus raíces bajo el agua, en un suelo carente de oxígeno, con altas concentraciones de sal y, al mismo tiempo, aprovechar los nutrientes que le brindan los sedimentos de los ríos. Si bien proliferan en el sudeste asiático (el más grande se encuentra en

Bangladesh), la mayoría de los manglares se hallan entre ambos trópicos, ocupando un área de ciento cincuenta mil kilómetros cuadrados.

Cerca de setenta especies vegetales, desde arbustos rastreros hasta gigantescos árboles de sesenta metros, componen los manglares, uno de los más complejos ecosistemas de la Tierra. Los moluscos se adhieren a las raíces enterradas en el fango, las aves se posan en su dosel, serpientes, ranas y cocodrilos cazan en ellos, producen néctar para abejas y murciélagos, proporcionan alimento a cangrejos y monos, e incluso brindan refugio a una multitud de especies marinas que ahí llegan para reproducirse, desovar y pasar su juventud. Este ecosistema, tan rico como frágil, protege las costas de la erosión producida por el oleaje, conteniendo la entrada del mar; además, fija la arena en las playas, amortigua las inundaciones, absorbiendo y almacenando agua, y proporciona una defensa contra huracanes y tsunamis.

Sin embargo, los manglares se están talando. Unas veces para edificar viviendas, otras para construir lujosos hoteles para los turistas; la cría intensiva de camarones es uno de sus grandes enemigos. La industria camaronera se instala en los manglares —precisamente porque es su hábitat natural— y coloca piscifactorías, donde cultiva camarones y langostinos, que destruyen el ecosistema. Desgraciadamente, ya ha desaparecido más de la mitad de los manglares de nuestro planeta. Cauto lector, la próxima vez que comas camarones o langostinos, pregunta de dónde vienen.

Islas, laboratorios de la evolución

Schehrazada nos cuenta, en la noche doscientos noventa y cinco, de las mil y una que actuó como relatora, que Simbad el marino escapó de una isla atado a la pata de un ave gigantesca; se trataba del roc, que transportaba elefantes entre sus enormes garras para alimentar a sus crías y ponía huevos cuya circunferencia medía cincuenta pasos. Probablemente tras la llegada del hombre a Madagascar se extinguió el *Aepyornis maximus*, ave elefante no voladora que, aunque pesaba media tonelada no era capaz de las hazañas que le atribuye Simbad. La contemplación de sus enormes huevos de nueve litros y el avistamiento del águila coronada malgache (*Stephanoaetus mahery*), otra ave de gran tamaño extinta alrededor del año 1500, explicarían el mito. Mito cuyo origen podría encontrarse en otra observación de nuestros antepasados: la caza de las crías del elefante enano —especie que habitó la isla de Creta durante el Holoceno— por una enorme águila real —*Aquila chrysaetos simurgh*—, también extinta.

El mundo estaría habitado por pocas especies vivientes si no hubiera barreras en nuestro planeta, si no existieran obstáculos para la libre circulación de los genes. Afortunadamente no es así: una cordillera, un bosque, un río o el clima separan un grupo de animales de los demás, de tal manera que la agrupación aislada adquiere formas y costumbres diferentes, y termina por separarse de sus congéneres. El aislamiento resulta imprescindible para formar nuevas especies, y el aislamiento perfecto lo proveen las islas, donde incluso se forman géneros y familias sin parientes en los continentes. Las corrientes marinas arrastran a sus costas diferentes vegetales que allí se multiplican y diversifican; los animales que, por su capacidad de vuelo —aves y murciélagos— o de navegación —tortugas— son capaces de llegar a ellas, las colonizan y en las islas pueden evolucionar, muchas veces, en ausencia de depredadores; por ello algunas aves han perdido la capacidad de volar. Triste y trágico destino les aguardaba a algunas de estas aves ápteras: los moas de Nueva Zelanda fueron exterminados, por los cazadores polinesios que colonizaron la isla, igual que las aves elefante de Madagascar; no fuimos más clementes los presuntamente civilizados europeos: nuestros marinos exterminaron los dodos de la isla de Mauricio a bastonazos. Las islas constituyen reservas naturales donde pueden sobrevivir especies reemplazadas en los continentes por competidores más modernos; además de santuarios de la biodiversidad y archivos de endemismos, las islas son cementerios contemporáneos donde la llegada de una especie foránea introducida por el hombre o las actividades cinegéticas humanas puede destruir, en décadas, lo que el aislamiento evolutivo edificó durante millones de años; un dato demuestra tal afirmación: desde el año 1700 al 1950 el noventa por ciento de las especies de aves extinguidas pertenecía a la avifauna insular. Judit K. Szabo, Nyil Khwaja, Stephen T. Garnett, Stuart H. M. Butchart revisaron, en el 2012, el momento, las regiones y causas de las extinciones de aves desde el año 1500 al 2000; hallaron que la mayoría de las pérdidas (ocho de cada diez especies y seis de cada diez subespecies) ocurrieron en las islas oceánicas: las islas hawaianas (treinta y seis) encabezan la siniestra escala de extinciones, le siguen Australia e islas (veintinueve), las islas Mascareñas (veintisiete), Nueva

Zelanda (veintidós) y la Polinesia Francesa (diecinueve). La actividad humana, de nuevo, mediante la introducción de especies foráneas o mediante la caza y destrucción de hábitats fue el factor primordial de la extinción.

Todas las islas son lugares singulares para el estudio de la vida; sin embargo, en ningún otro lugar del mundo podemos encontrar un conjunto tan grande de estos enclaves privilegiados como en las islas del océano Pacífico. El mayor océano del mundo se encuentra salpicado por pequeñas islas agrupadas en numerosos archipiélagos. Samoa, Tonga, Salomón, las legendarias islas de los mares sur, verdaderos edenes de nuestro planeta, bellísimas islas de bosques verdes y climas ideales desprovistas de animales peligrosos, donde es fácil conseguir alimento, forman un universo soñado. Pero estos fabulosos paraísos han sufrido los destructores efectos de la colonización humana. En Hawái existían setenta y un grupos endémicos de aves hace dos siglos; veintitrés están extintos, y treinta de las cuarenta y ocho especies y subespecies remanentes están amenazadas, incluso el ganso Nene, ave estatal de Hawái está en peligro.

El aislamiento de Nueva Zelanda preservó a animales del mesozoico como los kiwis, tuáteras y ciertas ranas… hasta que la llegada de los humanos destruyó el ecosistema, verdadero edén de innumerables especies. La primera llegada de los humanos en el año mil llevó el perro y la rata a la isla; pero es a partir del siglo XVIII, cuando la importación de fauna foránea —gatos, cabras, alces, ciervos, cerdos, liebres, conejos, erizos, ratones, canguros, hurones, palomas, faisanes, alondras, gorriones, estorninos, mirlos, ánades y palomas— desencadenó la tragedia ecológica.

Madagascar tiene el triste privilegio de ser una de las partes del mundo más alterada por la acción humana: más del setenta por ciento de su suelo ha visto modificada la vegetación que sustentaba. Solo mencionamos a los mamíferos; varias especies de lémures gigantes han desaparecido y muchas están amenazadas; hipopótamos pigmeos o fosas gigantes, da lo mismo el tamaño, se han extinguido. Y no olvidamos que casi la mitad de los camaleones del mundo viven en esta degradada isla.

Catorce especies de aves se han extinguido en las Islas Mascareñas del Índico: el dodo y la paloma azul de Mauricio, el solitario de Rodrigues, el ibis de Reunión, la cotorra de Newton, un loro (*Mascarinus mascarinus*) y un estornino (*Necropsar rodericanus*) han seguido el mismo aciago camino, que también han compartido varias tortugas gigantes (*Geochelone*).

Un murciélago (*Coleura seychellensis*) y una tortuga gigante (*Dipsochelys arnoldi*), ambos en peligro de extinción, son endémicos de las Seychelles; no solo ellos, los últimos treinta ejemplares de árboles medusa, únicos representantes de una familia de plantas, viven en la isla Mahé; y el coco de mar, palmera que alcanza treinta metros de altura y produce cocos que llegan a pesar veintidós kilos, solo se encuentra en la isla Praslin.

En los últimos cuatro siglos, la población de tortugas gigantes del pequeño archipiélago de las islas Galápagos se dividió por cien, hasta apenas contar con unos tres mil ejemplares. Afortunadamente se ha detenido el descenso y en el siglo XXI se ha recuperado parte de la población; sin embargo, cuatro de catorce especies de tortugas de las

Galápagos (*Chelonoidis*) se extinguieron: tres en el siglo XIX y una en el año 2012.

Acabamos en las islas Canarias, lugar endémico de los melodiosos canarios y también del pinzón azul de Gran Canaria en peligro crítico de extinción.

Las islas pretéritas vivieron en un mar tenebroso y se las creyeron habitadas por seres fantásticos. Entre ellas vagaba aquella fabulosa isla errante de San Balandrán, la del santo irlandés que allá, entre los hielos del Polo, encontró a Judas, el discípulo traidor, que, cada año, salía del infierno el día de Navidad para refrescarse: era el pago de un acto de caridad que una vez tuvo, abrigando a un leproso con su capa. Una isla viajera, ¡qué bella ficción poética! No, no nos consuela que la tasa de extinciones de aves en las islas reales, no en las ficticias, haya disminuido desde principios del siglo XX: se ha acelerado en los continentes.

Conclusión

Numerosas especies de seres vivos, de anfibios, mamíferos, aves, peces e insectos se han extinguido o están en peligro de extinción; extensas zonas de las selvas tropicales, arrecifes de coral y manglares han desaparecido en los últimos decenios o están amenazados. La tasa de extinciones se ha multiplicado. Sí, los biólogos disponen de hechos y argumentos para sostener la teoría que ha acabado una época y empezado otra, el Antropoceno.

Huellas geológicas

En el siglo xxi vivimos en un planeta en el que las fuerzas antrópicas ya no son desdeñables. La humanidad ha modificado el paisaje, el suelo, la atmósfera, el océano y la biosfera. Ahora bien, ¿podemos calificar el cambio como "geológico"? ¿La humanidad puede causar una mutación tan radical como las transformaciones acontecidas en el Holoceno? Considérese que, al comienzo de esa época, once mil setecientos años atrás, cuando nuestros antepasados iniciaron la revolución agrícola, los glaciares que cubrían la superficie continental del planeta comenzaron a retroceder, y su fusión ocasionó un ascenso de más de cien metros en el nivel del mar; aumento que separó Indonesia, Japón y Taiwán de Asia, aisló Gran Bretaña de Europa, y apartó Nueva Guinea y Tasmania de Australia; además, formó el estrecho de Bering, que comunica el océano Ártico con el Pacífico y desconecta América de Asia. ¿Podrán equipararse los efectos de la actividad humana, que solo tienen siglos de antigüedad, con las grandes metamorfosis terrestres que han durado decenas de miles o millones de años? ¿Existen datos geológicos suficientes para definir una nueva época —llamada *Antropoceno*— que siga al Holoceno? Para averiguarlo, necesitamos determinar si la transformación es tan profunda como para que sus huellas hayan quedado grabadas de alguna manera. Para comparar las aparentemente efímeras labores humanas con la creación y destrucción de montañas y océanos, con la formación de valles fluviales o con los descomunales impactos de los meteoritos, los geólogos deben demostrar que nuestra actividad dejará una huella clara en el planeta que defina una nueva etapa, como sucede con los fósiles; un rastro —como los huesos de un dinosaurio— que podrá ser distinguido con facilidad dentro de millones de años.

Los materiales antropogénicos: tecnofósiles

La transformación de más de la mitad de la superficie terrestre continental para el uso humano ha generado materiales modificados que se extienden por todo el orbe. Ya conocemos la suma de la producción material de todas las actividades humanas contemporáneas; un grupo de científicos encabezado por Jan Zalasiewicz la ha evaluado en el año 2016: la cantidad de tecnosfera ronda los treinta billones de toneladas, significa esa cifra que hay alrededor de cincuenta kilos de material fabricado por los humanos en cada metro cuadrado del planeta. La rápida transformación de gran parte de la superficie terrestre en tecnosfera subraya la novedad del cambio planetario contemporáneo. La tecnosfera incluye una gran diversidad de objetos urbanos, agrícolas o marinos: todos los materiales de los edificios, herramientas, barcos, vehículos, aviones, teléfonos móviles, ordenadores, monedas o bolígrafos constituyen una capa de residuos en rápido crecimiento, que algún día quedarán sepultados en el suelo como un estrato más; y por eso, todos ellos son potenciales fósiles (tecnofósiles). El Antropoceno se caracterizará —ya lo hemos escrito— por las modificaciones humanas que está sufriendo el planeta. Se han formado nuevos tipos de rocas y minerales debido a los depósitos antrópicos recientes, que reflejan la rápida difusión mundial del hormigón, del aluminio o de los plásticos. Estos materiales sintéticos, llamados tecnofósiles, como los fósiles biológicos, se preservarán en los estratos contemporáneos, que serán los futuros depósitos geológicos.

Los recientes yacimientos antrópicos —debido a la minería, a los vertederos, a la construcción y a la urbanización— acompañados de nuevas rocas constituyen la mayor aportación mineral a la superficie del planeta desde que el oxígeno gaseoso pasó a ser un componente mayoritario de la atmósfera, fenómeno que ocurrió hace dos mil cuatrocientos millones de años. Los humanos hemos aprendido a manipular los átomos que componen las rocas y con el conocimiento adquirido hemos fabricado materiales desconocidos en la Tierra —cerámicas, vidrios, ladrillos, cemento y aleaciones—, cuyos restos ya están presentes en la superficie del planeta como una señal geológica persistente. El aluminio puro era casi desconocido antes del siglo XIX; sin embargo, desde la Segunda Guerra Mundial hemos obtenido medio billón de kilogramos de aluminio, que pasará a formar parte de las capas sedimentarias contemporáneas. En lo que al hierro se refiere, se han consumido sesenta billones de kilogramos de mineral de hierro desde la Segunda Guerra Mundial; y solo en el año 2010 la producción anual alcanzó uno con ocho billones de kilos. Por todas partes se encuentran rocas fabricadas por los humanos. El hormigón, inventado por los romanos y ampliamente difundido en los entornos urbanos, no solo tiene la primacía, sino que ya es la roca característica del Antropoceno; porque, desde la mitad del siglo xx, se ha convertido en el material de construcción principal. El dato que sigue nos permite valorar la afirmación anterior: los humanos hemos fabricado hasta ahora medio billón de toneladas —la mitad solo en los dos últimos decenios—; con ellas podríamos colocar un kilo de hormigón en cada metro cuadrado de la superficie terrestre.

Mares sucios: la sedimentación de los plásticos

Cerca de Finisterre, en la esquina occidental europea, un viejo petrolero naufraga en medio de un fuerte temporal; el calendario marca un nefasto 13 de noviembre del año 2002. Diez mil toneladas de fuel arrastradas por los vientos y las corrientes marinas asolan la costa gallega y matan a los pulpos, percebes y moluscos que allí habitan; manchados de negro, a los cormoranes, alcatraces, gaviotas, araos y alcas les espera el mismo destino. Y el drama no acabó ahí: una carga de setenta y siete mil toneladas de fuel aguardaba en el buque roto. El petróleo vertido en el mar, la temible marea negra, ocasionó la mayor catástrofe natural de la historia de Galicia. A pesar de su espectacularidad las mareas negras no son los peores enemigos de los océanos: solo la décima parte de los vertidos de los hidrocarburos proviene de los accidentes, el resto lo hace de las refinerías y de la limpieza de los depósitos que albergan los petroleros. Remediar la contaminación marina es mucha más difícil que hacerlo con la de un río o un lago: porque el océano se ha considerado desde siempre un pozo sin fondo, capaz de cargar con todos desechos de la humanidad. El océano parece digerir e incorporar a los sedimentos o al agua toda cuanta basura le llega desde tierra, transportada por los ríos y glaciares. En el Ártico ruso se arrojaron residuos radiactivos; muchos petroleros limpian sus tanques en el Atlántico; más de un millón de toneladas de residuos, desde materia en suspensión a compuestos tóxicos se vierten cada año en el Mediterráneo. En un estudio local se contabilizaron dos mil objetos flotantes en cada kilómetro cuadrado del Mare Nostrum; si el cómputo pudiera extrapolarse, seis mil millones de objetos flotarían en este mar; y siete de cada diez son plásticos: un material peligroso para los animales marinos porque lo ingieren —tres de cada diez pescados lo han hecho— o se enredan en él y mueren. Recordemos al cachalote encontrado en una playa española, en el año 2018: su óbito se debió a que había tragado treinta kilos de plásticos.

Poco tiempo hacía que Magallanes diera la vuelta al mundo cuando Ruy López de Villalobos exploró las islas Carolinas y las Filipinas, Pedro Fernández de Quirós descubrió Tahití, Álvaro de Mendaña las islas Marquesas y las Salomón, y Miguel López de Legazpi las islas Marianas (entre ellas Guam) y las Saavedra (hoy Marshall). Aunque la mayoría de los españoles contemporáneos lo ignora, el océano Pacífico fue un lago español durante el siglo xvi. Durante varios siglos los españoles intervinimos en el devenir político de las poblaciones que bordean el mítico mar del Sur: hasta 1898 las Filipinas y las Marianas fueron territorios hispánicos y las Carolinas se vendieron a Alemania en 1899. No debería dejarnos indiferentes lo que allí ocurre. Un millón y medio de kilómetros cuadrados, aproximadamente, tres veces la superficie de España, ocupa la Gran isla de basura en el Pacífico, una zona superficial del océano cubierta con cien millones de toneladas de desechos humanos. Este vertedero oceánico, formado en el siglo pasado, tiene una concentración excepcionalmente alta de plásticos suspendidos en el agua y atrapados por la acción de las corrientes oceánicas. Como algunos desechos plásticos flotantes se convierten, por fotodegradación, en trozos cada vez más pequeños, se concentran en la parte superior del océano hasta que se desintegran; al alcanzar tan pequeño tamaño son comidos por los organismos marinos y, por tanto, entran en la cadena alimenticia: lo demuestran los estómagos de las tortugas y albatros, donde se han hallado. Las medusas comen las partículas de plástico flotante —con las toxinas que llevan incorporadas— porque se asemejan al zooplancton; los peces comen a las medusas; nosotros comemos a los peces, por lo que, inevitablemente ingeriremos también las toxinas que contenían los plásticos.

El océano Índico, cuyas aguas surcó antaño Vasco de Gama y los navegantes portugueses en busca de las codiciadas especias, no está más limpio que los demás, porque también él, como el Pacífico y el Atlántico, cuenta con una gran mancha de basura formada por los plásticos.

Una fracción esencial de los desechos de plásticos marinos se origina en fuentes terrestres, y los ríos, como es lógico, los transportan hasta los océanos. "Ríos como fuente de

contaminación de plásticos marinos", un artículo escrito por el experto Christian Schmidt, nos proporciona argumentos para reflexionar sobre el tema. El investigador hizo una compilación de datos sobre los desechos plásticos en una amplia gama de ríos. Las cargas que portan, tanto de microplásticos (partículas menores que cinco milímetros) como de macroplásticos (partículas mayores que cinco milímetros), se correlacionan positivamente con la cantidad de desechos plásticos mal administrados (MMPW), generados en las cuencas fluviales; utilizando esta cantidad (MMPW) como agente de predicción, el investigador calculó que las entradas de desechos de plástico en el mar transportadas por los ríos oscilan entre cuatrocientas mil y cuatro millones de toneladas anuales en todo el mundo. La relación entre el tamaño del río y la cantidad de plásticos transportados no es simple, pues los ríos grandes, con cuencas muy pobladas, entregan una fracción desproporcionadamente más alta de basura MMPW al océano. Concretamente, los diez ríos que encabezan la clasificación mundial transportan entre el ochenta y ocho y el noventa y cinco por ciento de la carga total de plásticos al mar. Reproduzco la siniestra lista que encabezan los ríos que tienen mayor cantidad de plástico en sus aguas: Yangtsé (China), Indo (Pakistán), Amarillo (China), Hai (China), Nilo (África), Brahmaputra-Ganges (India y Bangladés), Río de las Perlas (China), Amur (China y Rusia), Níger (África), Mekong (Indochina). No dejo de señalar un dato sorprendente: la cantidad de plásticos que transportan todos los ríos del mundo, excluidos los diez mencionados, ocuparía el tercer lugar, entre el Indo y Amarillo, en esta aciaga clasificación; puede deducirse, sin que haya que esforzarse mucho, que se mejoraría la limpieza de los océanos limpiando el Yangtsé o el Indo antes que todos los ríos americanos y europeos juntos.

Antes de la Segunda Guerra Mundial la producción mundial de plásticos se reducía a unos pocos productos; después del conflicto, la producción se ha disparado hasta alcanzar la increíble cifra de trescientos sesenta millones de toneladas anuales, una cantidad semejante a la masa de toda la humanidad, ¡cada año! Los plásticos perdurarán lo suficiente en el ambiente como para quedar registrados de forma permanente en la corteza terrestre; pero si los desechos de plástico dejan huella en el suelo —fíjese el lector en las montañas de plástico que se observan en muchos lugares—, la dejan mayor en el océano, pues buena parte del plástico ingerido por la fauna marina termina en el barro del fondo oceánico cuando los animales mueren. Los plásticos se propagan, a través de los ríos, hasta los lagos y mares, donde se dispersan, como fragmentos macroscópicos o como micropartículas prácticamente ubicuas, y se integran en los sedimentos oceánicos. La resistencia de la mayoría de ellos a la desintegración química nos sugiere —ya lo afirmamos antes— que dejarán registros fósiles identificables.

Deforestación

Nuestros antepasados divinizaron las fuerzas naturales; les impresionaban la majestuosa fuerza de un río, la aparatosa intensidad del viento o el temible resplandor del rayo, y los convirtieron en dioses: su nombre es lo de menos. Los humanos contemporáneos, en algunos aspectos, hemos superado a los antiguos dioses: sí, ya transportamos más sedimentos que los ríos y el viento juntos, y ya hemos modificado más de la mitad de la superficie del suelo terrestre para adaptarla a nuestro uso. Los flujos sedimentarios antrópicos —decíamos— se han intensificado: ha aumentado la erosión causada por la deforestación y la construcción de carreteras.

Si recordamos que la vegetación estabiliza los suelos y previene su erosión, concluiremos que un cambio climático hacia condiciones áridas llevará aparejado la desaparición de la cubierta vegetal y el inició de la erosión y desertización. Desgraciadamente, durante los últimos siglos el desarrollo progresivo de la agricultura, de la ganadería y de la industria está acarreando efectos similares, o quizá más perjudiciales, que el propio cambio climático. La expansión de la agricultura extensiva condujo a la tala de encinares en el área mediterránea, de robledales y hayedos en las zonas templadas y de pinares en las zonas frías; ello privó al suelo del humus resultante de la descomposición de las hojas y de los excrementos de la fauna salvaje; además, el cultivo del terreno ha facilitado la erosión de zonas anteriormente cubiertas de bosques y pastizales. En las regiones intertropicales, el intento de transformar la selva en zonas de pasto y producción ganadera ha puesto de manifiesto el delicado equilibrio sobre el que se asienta la jungla. En estos delicados bosques, la vegetación se sustenta del nivel superficial del suelo, donde la materia orgánica se recicla continuamente; su destrucción hace aflorar las costras de óxidos de hierro y aluminio que existen debajo, de tal forma que una región con vegetación exuberante antaño, se transforma hogaño en un paraje semidesértico.

Si bien sabemos que en los últimos tres siglos ha aumentado la deforestación, también sabemos que no se trata de un fenómeno nuevo, pues se venía haciendo desde la antigüedad; la deforestación que se produjo en el hemisferio norte durante los siglos XVIII y XIX, ya ha comenzado a realizarse también en el hemisferio sur a lo largo de los siglos XX y XXI. Las talas y quemas arrasan los bosques y selvas de la Tierra: la industria maderera, la agricultura, la ganadería, la minería o el crecimiento urbano se apropian del suelo que antaño pertenecía a los árboles. Los expertos de la Organización de las Naciones Unidas para la Alimentación y Agricultura (FAO) han elaborado el estudio sobre los bosques más completo hecho hasta la fecha, no importa su título "Evaluación de los recursos forestales mundiales", sino sus descubrimientos y conclusiones. Han diagnosticado que los bosques del mundo siguen disminuyendo a medida que la población humana aumenta, y que las áreas forestales se reconvierten en terrenos agrícolas, pastizales o se urbanizan. Los datos resultan concluyentes: mientras que en el año 1990 los bosques cubrían el treinta y uno (con seis décimas) por ciento de las zonas terrestres —cuatro mil ciento veintiocho millones de hectáreas—, en el año 2015 se ha pasado al treinta (con seis décimas) por ciento —tres mil novecientos noventa y nueve millones de hectáreas—; lo que significa que en apenas una quincena de años se ha perdido una superficie casi equivalente a la de Sudáfrica. Que decrezca la superficie boscosa mundial global no significa que mengüe en todas las regiones del planeta; en unas aumenta y en otras disminuye: lamentablemente el decrecimiento de unas supera al crecimiento de las otras. Europa y España, en la actualidad, se encuentran entre las afortunadas: la superficie forestal de nuestro país aumentó considerablemente; concretamente, en el año 2015 tiene un tercio más de bosques que un siglo atrás. En las últimas décadas, si bien los bosques se han recuperado en la zona templada, el desmonte forestal se ha desplazado hacia las regiones tropicales, donde se ha efectuado una rápida deforestación; África y América del Sur son las regiones que, durante el quinquenio 2010-2015, experimentaron la pérdida anual de bosques más elevada; en concreto, Indonesia y Malasia, Paraguay y Bolivia, Zambia y Angola son los países más afectados por la mengua.

El setenta por ciento de los animales y plantas moran en los bosques de la Tierra, con este dato cualquier lector colegirá que la desaparición de este hábitat concreto lleva aparejada una enorme pérdida de biodiversidad. Los suelos de los bosques son húmedos, pero sin la protección de la cubierta arbórea, se secan, erosionan y degradan a tierra yerma: sin árboles, las selvas se convierten rápidamente en áridos desiertos. La deforestación no solo afecta a la biosfera, también aumenta la velocidad del cambio climático, porque los árboles absorben el dióxido de carbono de la atmósfera, principal responsable del calentamiento global; tener menos bosques significa tener más cantidad de gases de efecto invernadero en la atmósfera.

La quema de bosques para dedicarlos a la agricultura, que comenzó en la primera mitad del Holoceno especialmente en los bosques templados, ha dejado rastros geológicos: restos de plantas, animales y carbón en los depósitos de sedimentos procedentes de la erosión del suelo.

Construcción de carreteras

Nos tienta minusvalorar el impacto ambiental de las vías de transporte terrestre: no puede haber tantas, pensamos; sin embargo, hay muchas carreteras en el mundo, más de las que imaginamos: concretamente, en el año 2002, existían treinta y dos millones de kilómetros de carreteras y caminos; una distancia astronómica, el cuarenta por ciento del recorrido hasta Marte, nada menos. Y falta por contabilizar un millón trescientos mil kilómetros de vías para ferrocarriles (en 2006), cantidad relativamente pequeña, pero que llegaría para cubrir más de tres veces la distancia a la Luna.

Las vías de transporte terrestres, caminos, carreteras, autovías, autopistas y vías férreas, proporcionan unos beneficios socioeconómicos indudables y, al mismo tiempo, producen un impacto ambiental en el territorio. Como consecuencia de su construcción desaparece la capa vegetal, aumenta la erosión y se produce un aumento de la sedimentación en ríos y lagos; también se modifican las pautas de drenaje, con los consiguientes cambios en el nivel de las aguas subterráneas; no es menos importante que las carreteras y vías de ferrocarril interfieran en la movilidad de la fauna silvestre. No solo su construcción, el uso de las vías de comunicación también produce un impacto ambiental considerable: el polvo que proviene del asfalto contamina el aire, el suelo y el agua, lo mismo que el uso de plaguicidas en las cunetas de las carreteras, o el derrame de combustibles y aceites, o el vertido de la basura y los desechos. Los neumáticos de los vehículos se desgastan al circular y liberan micropartículas al ambiente; corpúsculos que, al llegar al agua, son comidos por los peces... que crecen deformes: en poco más de un siglo, este dañino material para la vida ha ingresado en las cadenas tróficas de nuestro planeta.

Erosión

Quizá el lector crea que la erosión o incluso la desertificación de un territorio son procesos geológicos independientes de la deforestación y de la gestión del suelo. Yerra, porque la mala administración del suelo y la tala excesiva causan una intensa erosión y, como consecuencia, se desertifican vastas regiones.

La Tierra es un planeta en evolución geológica cuya dinámica interna se expresa en la movilidad de las placas y en sus fenómenos asociados, como la génesis de las montañas, la formación o cierre de los océanos, los volcanes y los seísmos. A la interacción de la atmósfera con la superficie se debe la dinámica externa; cuyas manifestaciones se perciben en los procesos de erosión, transporte y sedimentación, ligados al ciclo del agua. De esta forma, el paisaje procede de la interacción entre la dinámica interna y la externa del planeta; esta tiende a igualar los grandes desniveles e irregularidades creados por aquella. Por todo ello, podemos considerar la erosión como un proceso geológico natural, que desnuda los suelos y desgasta las rocas en la superficie del planeta. Se manifiesta en episodios de corta duración, como los que pueden producirse a consecuencia de una tormenta; en episodios de plazo medio, como los producidos por un río; o a escala de millones de años como el allanamiento de una cordillera. Los ríos, los glaciares y el viento erosionan la superficie terrestre y producen una continua redistribución de los materiales hasta que estos alcanzan las cuencas oceánicas. Los geólogos lo saben: el paisaje que observamos es el resultado de la acción de los agentes erosivos sobre las rocas que han generado los procesos internos del planeta. Así había sucedido durante toda la historia de la Tierra... hasta ahora. En el siglo XXI ya no podemos menospreciar las actividades humanas, porque nuestras actividades han acentuado la erosión: constatamos que el flujo de sedimentos ha aumentado, debido a la deforestación antrópica, al pastoreo y al aumento en la cantidad de suelos cultivados.

Si el clima es el elemento activo de la erosión, el suelo es el elemento pasivo sobre el que actúa. Conviene hacer un matiz antes de continuar el relato: la erosión del suelo suele confundirse con su degradación, que es un término más amplio que se refiere a las pérdidas absolutas. Los suelos, "los aliados silenciosos de la humanidad" —decíamos— filtran decenas de miles de kilómetros cúbicos de agua cada año, como almacén de carbono contribuyen a regular el clima y son el asiento de los cultivos. Sin embargo, la mayor parte se encuentra en condición mala o muy mala, según la conclusión del informe titulado *El estado de los recursos de suelos en el mundo*, que elaboró, en el año 2015, el grupo técnico intergubernamental sobre los suelos de la Organización de las Naciones Unidas para la Alimentación y Agricultura (FAO); en particular, la tercera parte de los suelos terrestres se encuentra moderada o altamente degradada. La erosión —añade el informe— se lleva de veinticinco a cuarenta mil millones de toneladas de suelo cada año, lo que reduce el rendimiento de los cultivos y su capacidad para almacenar carbono, nutrientes y agua. Las pérdidas anuales en la producción de cereales, debido a la erosión, se calculan en siete millones seiscientas mil toneladas; si no se toman medidas, se reducirá la producción mundial en más de doscientas cincuenta y tres millones de toneladas en el año 2050, una pérdida equivalente a eliminar aproximadamente todo el terreno cultivable de la India. "Nuevas pérdidas de suelos productivos dañarían gravemente la producción de alimentos y la seguridad alimentaria, ampliando la volatilidad del precio alimentario, y sumiendo potencialmente a millones de personas en el hambre y la pobreza". No necesitamos añadir más argumentos.

¿El responsable del desafuero? El crecimiento demográfico humano amenaza la salud del suelo por tres razones. Primera: para alimentar a una población mundial que sobrepasa los siete mil millones de personas, más de la tercera parte de la superficie terrestre libre de hielo del planeta se ha destinado a la agricultura. Como consecuencia, los suelos, despejados de vegetación para convertirlos en cultivos y pastizales, sufren fuertes aumentos de erosión y grandes pérdidas de carbono orgánico, nutrientes y biodiversidad. Segunda: la urbanización, el rápido crecimiento de las ciudades y de las industrias, ha contaminado los suelos con exceso de sal, acidez y metales pesados; y muchos de ellos los ha compactado con maquinaria pesada y los ha sellado bajo asfalto y cemento. Tercera: el cambio climático contribuye a la transformación edáfica: las temperaturas más altas y el aumento de los fenómenos meteorológicos extremos —sequías e inundaciones— disminuyen la cantidad y la fertilidad de los suelos. Afortunadamente, los edafólogos conocen las estrategias para minimizar la erosión. ¿Por qué no permitimos que las ejecuten?

El aumento de la erosión en una región o en una época puede determinarse mediante el estudio cuidadoso de la sedimentación. Cuando contemplamos un valle adivinamos el trabajo del río o del glaciar que lo ha erosionado. Resulta menos frecuente que visualicemos el destino de las rocas y piedras eliminadas del paisaje y transportadas lejos; se debe a que, mientras que la mayoría de los procesos erosivos tiene lugar bajo la atmósfera, donde podemos contemplarlos, la ubicación de los detritos rocosos, su sedimentación, se halla casi siempre bajo el mar, lejos del alcance de la vista. Esta oculta lluvia de materiales, más o menos abundante, productora de sedimentos, va a originar unas rocas que cubren buena parte de los continentes; y el análisis de ambos, de los sedimentos y de las rocas sedimentarias, nos permite caracterizar a una época geológica. ¿Ha habido un cambio en los procesos erosivos contemporáneos con capacidad para dejar huellas en los sedimentos? La contestación es afirmativa. Hasta hace poco la erosión era un fenómeno exclusivamente natural. En la actualidad la humanidad ha introducido transformaciones en la naturaleza que nos permiten afirmar que ya existe erosión antrópica: ha perturbado la dinámica fluvial —mediante la construcción de grandes embalses—, ha alterado los usos del suelo —con talas de bosques, cultivos inapropiados, sobrepastoreo, explotaciones mineras, urbanización o construcción de carreteras— y ha modificado el clima —mediante el aumento de la concentración de dióxido de carbono y de otros gases de efecto invernadero—. La expresión *erosión acelerada* sintetiza los efectos de la erosión antrópica. La erosión acelerada del suelo ocurre cuando se usa de manera inapropiada el territorio o se adoptan prácticas que menguan el control de la erosión, tales como arrancar la cubierta vegetal de los suelos fácilmente erosionables o construir carreteras que taponen las vías de drenaje. A veces la actividad humana incide en los procesos naturales de forma indirecta: si la agricultura y el pastoreo se extienden hacia las zonas áridas, la erosión aumenta y se acelera la desertifización del territorio.

Desertificación

Más de la mitad de Túnez está cubierta por el desierto. En el Sahel han aumentado las zonas áridas entre cincuenta y cien kilómetros hacia el norte y algo menos hacia el sur. El noventa y tres por ciento del bosque tropical de Madagascar, el país más erosionado del mundo, y dos tercios de su selva lluviosa han sido talados. La degradación del suelo afecta al noventa por ciento de la Patagonia argentina. Más de las dos terceras partes de la superficie de España —presenta el mayor índice de desertificación de la Unión Europea— se hallan expuesta a la desertificación. La desertificación, ya sea provocada por las actividades humanas o por el cambio climático, amenaza a la cuarta parte del planeta, según los expertos del Programa de las Naciones Unidas para el Medio Ambiente (PNUMA).

Por *desertificación* (o *desertización*, si no hay intervención humana) se entiende el proceso por el que un territorio, que no tiene el clima de los desiertos, acaba adquiriendo sus características; no se refiere tanto a la expansión de los desiertos existentes, como a la degradación de las tierras áridas y semiáridas, que cubren la tercera parte del suelo del planeta. Las zonas áridas y semiáridas (y aquellas que presentan déficit hídrico) son extremadamente vulnerables: tienen escasa capacidad de recuperación, tanto frente a las perturbaciones antrópicas —sobreexplotación y uso inapropiado del suelo— como frente al cambio climático. Por ello, más que culpar a las sequías, cabe responsabilizar a las actividades humanas —la deforestación, el cultivo intensivo y pastoreo excesivo— como los principales agentes de la desertificación. La secuencia se repite en todos los lugares del planeta y a lo largo de la historia: el aumento de la población obliga a una explotación agrícola intensiva del terreno hasta su agotamiento; una vez que el suelo deja de ser fértil, el agua y el viento completan el proceso de degradación erosionando el suelo y despojándolo de su cubierta vegetal hasta llegar a la roca. Siempre sucede lo mismo: a la deforestación y a la destrucción de la cubierta vegetal, le sigue la erosión del suelo; y, por si fuera poco, en muchos casos hay que añadir a todo ello la falta de agua, debido a la sobreexplotación de los acuíferos o a la irrigación excesiva que saliniza el terreno.

La desertificación rompe el frágil equilibrio que hizo posible el desarrollo de la flora y de la fauna en las zonas áridas y semiáridas. El desequilibrio ocasionado desencadena una serie de procesos destructivos: se degrada el suelo por la erosión del viento y del agua, las sustancias químicas esenciales menguan, se reduce el nivel de agua en el subsuelo y se altera el ciclo hidrológico, no es menos importante que decaiga la regeneración de las plantas; todo ello se traduce en una reducción de la productividad del ecosistema y en la pérdida de su biodiversidad. Sí, la desertificación afecta a los distintos componentes del ecosistema, tanto al suelo como a la fauna y a la flora que sustenta. Desgraciadamente, el suelo se destruye mucho más deprisa —años o decenios— de lo que tarda —siglos a milenios— en formarse.

Hundimiento de los deltas

En los grandes ríos los materiales finos se depositan en la desembocadura, formando extensos y fértiles deltas, por donde, lentamente, el agua dulce alcanza el mar. En 2009, James Syvitski demostró que veinticuatro deltas, entre los que se encuentran el delta del Nilo, del Ródano y del Yangtsé, de los treinta y tres que estudiados, habían sufrido inundaciones. El investigador mostró que los deltas se están hundiendo.

Al delta del Danubio llega, en el siglo XXI, la tercera parte del sedimento que transportaba el río en las primeras décadas del siglo XX; la zona no solo se enfrenta a la erosión costera, sino a su desaparición, pues la quinta parte de su superficie se halla bajo el nivel del mar Negro, y algo más de la mitad se encuentra a menos de un metro por encima. Antes de la construcción de la presa de Asuán (en el año 1965), la cantidad de sedimentos que arribaba al delta del Nilo —veinte mil kilómetros cuadrados de superficie— alcanzaba los cincuenta y cinco millones de toneladas anuales, actualmente apenas llega sedimento alguno ¿Consecuencia? Una gran erosión costera. El delta del Mississippi —veinticinco mil kilómetros cuadrados, a principios del siglo XX— está desapareciendo: de setenta a ochenta kilómetros cuadrados de sus marismas se desvanecen cada año, supresión que deja el camino expedito para que las aguas del golfo de México penetren sin obstáculos en Nueva Orleans, ciudad ubicada en una depresión bajo el nivel del mar. El delta del Mekong, hogar de dieciocho millones de personas, se enfrenta a una pérdida catastrófica de tierras cultivables debido a la elevación del nivel del mar. Los deltas del Rin, Ródano, Po y Ebro, por citar algunos más, también pierden terreno. En resumen, los principales deltas del mundo atraviesan la misma delicada situación: sí, la mayoría están en peligro de desaparición.

Los flujos sedimentarios antrópicos —ya lo habíamos escrito— se han intensificado. En muchos ríos los humanos hemos construido embalses; embalses que retienen los sedimentos e impiden que lleguen a la desembocadura del río; como consecuencia de la escasez de aportes sólidos los deltas se hunden; por si fuera poco, la extracción de aguas subterráneas, de petróleo o de gas situado bajo el delta contribuye al fenómeno; si sumamos a ambos procesos la subida del nivel del mar, debida al calentamiento global, ¿qué le sucederá a las numerosas ciudades costeras?, ¿podrán continuar los cultivos que se hacen en los llanos deltaicos? Los humanos tenemos que asumir que los grandes deltas son regiones densamente pobladas, muy cultivadas... y no permanentes. La conclusión no puede ser otra: los problemas de las ciudades portuarias edificadas sobre deltas, Alejandría, Ámsterdam, Rotterdam, Shanghái, Marsella o Nueva Orleans no han hecho más que empezar.

Aún debemos mencionar otro factor que afecta a la cantidad de sedimentos transportados por los ríos. En el siglo XXI las actividades humanas consumen tres mil seiscientos kilómetros cúbicos de agua dulce cada año, procedentes de lagos, ríos y acuíferos; como resultado, algunos ríos han mermado su caudal e incluso se secan. Algunos casos concretos nos ilustran el fenómeno: las aguas del río Colorado no llegan al océano, gran parte del mar de Aral se ha convertido en un desierto debido a la pérdida de caudal del Amu Daria y del Sir Daria que en él desembocan, en el último medio siglo y durante varios meses se han secado tramos del río Yangtsé. Y la demanda del agua dulce, un recurso imprescindible para el bienestar de la humanidad, sigue aumentando.

Si el hundimiento de los deltas constituye un inconveniente, no lo es menos su evolución normal; Shat al Arab, el delta del Tigris y Éufrates, sigue una pauta normal de crecimiento: la sedimentación ha convertida a la ciudad iraquí de Basora, el puerto desde el que Simbad el Marino recorría los mares, en una ciudad interior situada a más de cien kilómetros de las bocas del río. El mismo fenómeno está ocurriendo ahora, en Groenlandia; mientras que la mayoría de los deltas del mundo, más de ocho de cada diez, disminuye, en la gran isla ártica crecen, como consecuencia de la fusión del hielo, del aumento de la erosión y del crecimiento de los sedimentos depositados en sus costas.

Decíamos que la retención de sedimentos detrás de las grandes presas construidas en los principales ríos del mundo, abrupta en una escala de tiempo geológica, pues la mayoría de ellas se construyeron en los últimos sesenta años, con un promedio de una diaria, constituye una nueva huella global. Consideremos también que cada una de las grandes presas (más de seis mil en la actualidad, recordemos la presa china de las Tres Gargantas, la presa africana de Kariba y la presa egipcia de Asuán) interrumpirá el transporte de los sedimentos terrestres a los océanos durante su tiempo de vida útil, de medio siglo a dos siglos; la reducción del flujo de sedimentos que llegan a los grandes deltas provoca la disminución y posible desaparición de muchos de ellos: la consecuente retirada de la costa resulta inevitable; y ya tenemos otra huella geológica más.

Alteración del paisaje: icnofósiles

La alteración del planeta también ha llegado al mundo subterráneo, pues se perfora la corteza terrestre para extraer minerales y rocas, almacenar desechos o alojar servicios públicos. La humanidad —más de siete mil millones de personas— produce una enorme cantidad de icnofósiles, término que usan los paleontólogos para referirse a las marcas dejadas por los seres vivos, como las huellas de los dinosaurios o los agujeros de los gusanos marinos pretéritos. Desde el año 2008 más de la mitad de la población humana es urbana; en el año 2018 existían treinta y seis megaciudades, enormes urbes que dan cobijo a más de de diez millones de habitantes cada una; las ciudades, que han invadido la superficie terrestre, tienen un doble en el subsuelo: cimientos, tuberías y transportes subterráneos que dejarán un rastro perenne en la superficie del planeta.

Las minas también dejarán una cicatriz permanente en la superficie terrestre. La extracción de minerales, por sí sola, explica el desplazamiento anual de cincuenta y siete billones de kilogramos de sedimentos, cifra que triplica la cantidad de sedimentos que transportan los ríos. Si bien la minería nos proporciona los materiales esenciales que necesitamos para alimentar nuestra civilización, no dejamos de asombrarnos cuando nos percatamos de las inmensas transformaciones mineras que los humanos hemos hecho en la superficie del planeta: las minas de lignitos de As Pontes o Meirama, la mina de cobre y oro en Touro, las minas de estaño y wolframio de San Finx, o las diecinueve explotaciones históricas auríferas —Montefurado, las Médulas— repartidas por el noroeste ibérico. Abandonado el pequeño rincón del Finisterre europeo, nos asombran, incluso más, las grandes explotaciones mineras esparcidas por el mundo en las que se extrae cobre, diamantes, lignito, potasa, litio, bauxita, oro, sal o fosfatos. Nombres extraños nos sirven para localizar lugares donde se observan enormes cicatrices en la superficie terrestre: el cañón de Bingham (EE. UU.) alcanza novecientos setenta metros de profundidad; la mina de Chuquicamata en el desierto de Atacama (Chile) penetra mil doscientos cincuenta metros en las entrañas de la tierra; la mina de Garzweiler (Alemania) ocupa la asombrosa superficie de cuarenta y ocho kilómetros cuadrados; recordamos, por último, las inabarcables arenas bituminosas de Athabasca (Canadá) que, bajo ciento cuarenta y un mil kilómetros cuadrados de pantanos de turba, ocupan una superficie un poco mayor que la cuarta parte de España.

Y ya hemos llegado a las canteras; no necesitamos ir a Italia para ver, en Carrara, las canteras de mármol, podemos quedarnos en España, en el municipio de Pinoso; o visitar Porriño, donde se extrae granito, o acercarnos a Valdeorras para contemplar el corte de las pizarras; no habíamos olvidado que cada europeo consume una media anual de entre cinco y diez toneladas de productos minerales (exceptuados los energéticos). Cierto, las canteras suelen ser explotaciones de pequeño tamaño, pero el conjunto representa el mayor volumen de la minería mundial; no debe sorprendernos, pues de las canteras se obtiene tanto la arena y grava como las rocas industriales y ornamentales, tanto los mármoles, calizas, y travertinos como los granitos y las pizarras.

Se remonta lejos en el tiempo el uso del petróleo, no así su empleo como combustible. En el siglo IX el alquimista persa Al-Razi descubrió que la destilación del crudo producía sustancias útiles para médicos y militares; los sabios de al-Ándalus aprendieron la nueva técnica de sus correligionarios y desde allí pasó a Europa, donde no le encontraron aplicación práctica hasta el siglo XIX: para el alumbrado primero, y después, como el combustible que mueve nuestra civilización. Convertido el vital oro negro en nuestra fuente de energía, recordamos los más de cuarenta mil campos petrolíferos que existen repartidos tanto en la tierra como en el mar; pozos de varios kilómetros de profundidad —entre uno y seis— que permiten extraer el petróleo enterrado hace millones de años bajo los estratos de la corteza terrestre. No, la perforación más profunda, doce mil doscientos sesenta y dos interminables metros bajo el suelo de Kola, en Rusia, no se ha hecho con fines petroleros, sino por motivos científicos, para conocer mejor la corteza terrestre.

En la Rioja, el turista científico contemporáneo puede contemplar unas magníficas huellas fósiles de los dinosaurios que vivieron en el Mesozoico y de los mamíferos que por allí corrieron en el terciario; los geólogos del futuro, si existen, también podrán observar una enorme cantidad de icnofósiles que la humanidad ha dejado en el Antropoceno.

Conclusión

El rápido crecimiento demográfico, el desarrollo tecnológico acelerado y el mayor consumo de recursos han multiplicado el impacto ambiental humano y han dejado numerosos rastros antrópicos en la superficie del planeta. En un futuro lejano los tecnofósiles y los icnofósiles caracterizarán la época actual. Las actividades humanas también han modificado suficientemente los procesos sedimentarios como para dejar huellas en los litorales, en los sedimentos de los lagos y de los océanos, y en los depósitos de los ríos y glaciares. Sí, los geólogos disponen de hechos y argumentos para sostener la teoría que ha acabado una época y empezado otra, el Antropoceno.

Huellas químicas

Escribe Walter Álvarez, Premio Nobel de Física, en 1990: "Hace aproximadamente sesenta y cinco millones de años, algo causó la muerte de la mitad de toda la vida que respiraba sobre la Tierra. Este crimen descomunal eliminó a los dinosaurios, hasta entonces señores indiscutidos del reino animal, y permitió que los humildes mamíferos ocupasen su lugar. Los seres humanos, descendientes de aquellos supervivientes, no pueden evitar preguntarse qué o quién produjo esa mortandad general y qué fue lo que posibilitó que nuestros remotos antepasados sobreviviesen... creemos haber desvelado el misterio. Hace sesenta y cinco millones de años, un asteroide gigante, o un cometa, cayó del cielo y se estrelló contra la Tierra... La enorme energía liberada por el impacto acarreó una pesadilla de desastres ambientales". El iridio, metal escaso en la corteza terrestre y abundante en los meteoritos, constituye la prueba principal. Existe una delgada capa de arcilla entre los sedimentos, formados antes y después de la fecha crítica, que contiene una cantidad de iridio muy superior a la normal: se supone que proviene de un astro procedente del espacio exterior. Si bien sabemos que la humanidad ha alterado la composición de la atmósfera, del suelo y de los océanos, nos preguntamos si la mutación ha sido tan grande como para dejar evidencias que puedan detectarse en el futuro, o, dicho con otras palabras, ¿disponen los químicos de pruebas semejantes al iridio?

El desarrollo tecnológico de la humanidad durante el siglo xx no puede compararse con el de ningún periodo histórico anterior; en el siglo pasado la humanidad ha sintetizado una enorme cantidad y variedad de compuestos químicos; tan solo en la Unión Europea, se comercializan más de cien mil sustancias químicas y, continuamente, se sintetizan otras nuevas; desgraciadamente no se ha valorado el riesgo para la salud humana y ambiental de más del noventa por ciento de ellas. Nos arriesgamos a formular una predicción que no deseamos ver cumplida. Seguirá subiendo la esperanza de vida humana como consecuencia de la erradicación de las enfermedades infecciosas; pero a partir de un momento, el envenenamiento del ambiente disparará otras enfermedades: entonces, sospechamos, se acortará la esperanza de vida. Cuando los autores temen extralimitarse al valorar los perjuicios, para la salud humana y ambiental, de la contaminación química, recuerdan las afirmaciones del experto Nicolás Olea, especialista en contaminantes y el científico más citado por sus pares en esta materia: "La situación es muy seria. Estamos expuestos a sustancias capaces de alterar nuestro sistema hormonal y causarnos problemas de salud de efectos irreversibles. Las investigaciones están haciendo temblar las bases de la toxicología reguladora, y aunque los *lobbies* industriales se están movilizando con el mensaje de que no pasa nada, hay una brecha entre la ciencia clínica y las reglamentaciones". Miquel Porta, catedrático de Salud Pública en la Universitat Autònoma de Barcelona corrobora: "Hace veinticinco años pensaba que las conclusiones de Nicolás Olea eran algo alarmistas, pero ahora (2017) creo que se quedaba corto". En el último medio siglo la humanidad se ha duplicado y ha explotado los recursos del planeta al límite: el consumo mundial de alimentos y agua dulce se ha triplicado, el de combustibles fósiles de ha multiplicado por cuatro. Gastamos ahora entre la tercera parte y la mitad de toda la energía producida en el planeta por la fotosíntesis. El crecimiento económico ha globalizado la contaminación ambiental: la pérdida de biodiversidad, la deforestación, la extracción excesiva del nitrógeno de la atmósfera, la pérdida de ozono estratosférico y el aumento de las concentraciones de gases de efecto invernadero son los efectos más evidentes de las actividades humanas, pero hay muchos más. Según Jonathan Foley, hoy vivimos en un planeta al límite, restringidos sus recursos y superada su capacidad de absorción de desechos: las reglas para vivir en un mundo así son, a la fuerza, distintas de las anteriores.

A los humanos nos cuesta creer que nuestra especie haya descargado sobre la Tierra una oleada arrolladora de sustancias químicas sintéticas de dimensiones geológicas; sin embargo, casi ninguna existía antes de la Segunda Guerra Mundial. Entre las muchas huellas químicas que las actividades humanas han introducido en el registro sedimentario están las concentraciones elevadas de hidrocarburos aromáticos policíclicos, de bifenilos policlorados y de residuos de plaguicidas, que comenzaron en la mitad del siglo XX. Desgraciadamente ningún territorio permanece incólume: las huellas químicas, especialmente las aerotransportadas, alcanzan todos los ambientes terrestres, incluyendo la superficie permanentemente cubierta por el hielo.

Contaminantes orgánicos permanentes

El átomo de carbono, que constituye el esqueleto de las moléculas con las que estamos formados todos los seres vivos, puede unirse con el cloro y formar muchos compuestos tóxicos para las plantas e insectos; por ello muchos compuestos orgánicos clorados se usan como plaguicidas. Ahora bien, la unión del átomo de carbono con el cloro es difícil de romper, esta dificultad, que es una ventaja para muchas aplicaciones —considérense los componentes electrónicos y los plásticos—, significa que los compuestos se degradan lentamente y que, por tanto, tienden a acumularse en los organismos y perjudicarles. Y si solo fuesen ellos...

Los contaminantes orgánicos persistentes (COP) son sustancias químicas sintéticas, que permanecen largo tiempo en el ambiente por ser resistentes a la degradación; son bioacumulables, pues se incorporan a los seres vivos y se acumulan en ellos, aumentando su concentración a medida que se asciende en la cadena trófica; son dañinos para los humanos, ya que pueden causar cánceres y defectos congénitos; y tóxicos para el ambiente; a ello se suma su capacidad para ser transportados a largas distancias y llegar a lugares donde nunca se han usado. En el año 2001 los químicos habían identificado doce contaminantes orgánicos persistentes (disculpe el lector por el nombre casi impronunciable de las sustancias): aldrina, bifenilos policlorados, clordano, DDT, dieldrina, endrina, heptacloro, hexaclorobenceno, mirex, toxafeno, dioxinas y furanos. En el año 2015, el número de estos peligrosos compuestos había aumentado, se incluyeron una veintena de compuestos orgánicos policlorados, polibromados o polifluorados. Desgraciadamente aún quedan candidatos para incluir en esta nefasta relación, como los hidrocarburos aromáticos policíclicos, los ftalatos, las parafinas policloradas, la atrazina y los nonil y octilfenoles. Añadimos un pequeño consuelo para quienes nos preocupamos por la proliferación de estas sustancias: la Corte Penal Internacional ha propuesto incorporar el delito de ecocidio para quienes "causen daños sustanciales y duraderos a la diversidad biológica y a los ecosistemas y afecten a la vida y salud de las poblaciones humanas".

Uno de los COP es el primero de los insecticidas modernos: el DDT resulta especialmente interesante para valorar sus beneficios y perjuicios. Comenzó a usarse en 1939 y se calcula que en los primeros años, además de proteger las cosechas, evitó la muerte de millones de personas: en 1952, hubo setenta y cinco millones de enfermos de malaria en la India, doce años más tarde, después de usar masivamente el DDT, cien mil. Ciertamente, el DDT ha contribuido a prevenir las enfermedades —como la malaria, la peste, el tifus y la tripanosomiasis— transmitidas por insectos. A finales del siglo xx se descubrieron los perjuicios: en la naturaleza el DDT se degrada lentamente (tarda años en hacerlo), se almacena en la grasa de los animales que lo ingieren (y nosotros comemos) y se acumula a medida que se asciende en la cadena trófica (no nos olvidamos de que nosotros somos parte de esa cadena). Concretando; el DDT que se echa a un cultivo, y se encuentra en una concentración minúscula en las plantas, las aves, que comen las ranas que comen los insectos que comen las plantas, almacenan en su cuerpo concentraciones mil veces mayores, que pueden ocasionarles el envenenamiento y la muerte. De benefactor de la humanidad, se ha convertido en enemigo y se ha prohibido su uso generalizado.

Señalemos otro caso más de los daños que pueden ocasionar los COP. Durante la guerra del Vietnam, y durante un decenio, los norteamericanos vertieron en la selva indochina unos setenta y cinco mil metros cúbicos de los herbicidas 2,4-D y 2,4,5-T, contaminados con dioxina (el famoso agente naranja). Dos millones y medio de hectáreas de tierras forestales fueron defoliadas, los ecosistemas se degradaron y la salud de más de un millón de personas que allí moraban quedó afectada.

Los geoquímicos han comprobado que las dioxinas, los hidrocarburos aromáticos policíclicos, los bifenilos policlorados, los plaguicidas y otras sustancias industriales ya forman parte de los sedimentos; en resumen, que los contaminantes orgánicos persistentes dejarán huellas químicas en nuestro planeta.

¿Cuál es la actividad humana más contaminante?

Si preguntase a un lector por la actividad humana más contaminante probablemente señalaría una industria echando humos negros a la atmósfera o una fábrica vertiendo aguas cenagosas en un río: se equivocaría. No es la industria, sino la agricultura la actividad humana más contaminante; y debe esta innoble distinción a los plaguicidas (o biocidas, o pesticidas, mala traducción del término inglés *pesticides*); en cualquier caso, nos referimos a sustancias químicas destinadas a matar plagas o, dicho con otras palabras, a eliminar cualquier ser vivo que compita con nosotros para conseguir alimento o que nos propague enfermedades.

El uso de cualquier producto químico siempre presenta beneficios y perjuicios, señalémoslos para que el lector cuidadoso pueda valorarlos y juzgar. Los plaguicidas ahorran dinero a los agricultores; sabemos que en ausencia de plaguicidas se perdería (a causa preferentemente de los insectos) el diez por ciento de las cosechas: no es poco. La Asociación Médica de los Estados Unidos reseña sus posibles peligros para la salud humana: "Existe incertidumbre acerca de los efectos de la exposición prolongada de dosis bajas de plaguicidas. Los sistemas de supervisión actuales son inadecuados para definir los riesgos potenciales relacionados con el uso de plaguicidas y con enfermedades relacionadas con plaguicidas… Teniendo en cuenta estas faltas de datos, es prudente… limitar la exposición a plaguicidas… y usar los plaguicidas químicos menos tóxicos o recurrir a alternativas no químicas." Además de la salud humana, los plaguicidas dañan al ambiente, contaminan el agua y reducen la biodiversidad: no puede extrañarnos, porque, aunque parezca increíble, los expertos han comprobado que el noventa y ocho por ciento de los insecticidas y el noventa y cinco por ciento de los herbicidas llegan a un destino diferente del buscado.

¿Son tan perniciosos? En el año 2001 más de un centenar de países se comprometieron a reducir o eliminar el uso de los doce contaminantes orgánicos persistentes más peligrosos: nueve integrantes de "la docena sucia" son plaguicidas.

Afortunadamente, los científicos han averiguado que existe alternativa al uso sistemático de plaguicidas: el control integrado de plagas. Lo que conlleva el empleo de controles biológicos, la aplicación de medidas mecánicas en vez de químicas y la sustitución de monocultivos por policultivos. ¿Por qué no se hace?

Metales pesados

Los metales industriales —plomo, mercurio, cadmio, cromo, cobre, níquel y cinc— se han dispersado ampliamente por la superficie del planeta desde mediados del siglo XX, debido al gran salto económico ocurrido tras la Segunda Guerra Mundial; aunque se detectan señales más precoces de algunos de ellos, asociadas al momento histórico en que se inició su extracción. También han comenzado a detectarse metales menos habituales —platino, rodio y paladio— procedentes de los automóviles, que se acumulan en los suelos adyacentes a las carreteras, y metales —las tierras raras— empleados en las tecnologías de comunicación.

La Agencia Española de Seguridad Alimentaria y Nutrición ha señalado el plomo, el mercurio y el cadmio; son tóxicos, no se degradan, contaminan el suelo, el agua y el aire, perduran en el ambiente durante siglos y se acumulan en los vegetales y en los animales: su peligrosidad es máxima. Si bien la combustión del carbón y la minería del mercurio y plata constituyen las principales fuentes de emisión de mercurio al ambiente, no son las únicas; en la ciudad japonesa de Minamata, a mitad del siglo pasado, se produjo un trágico desastre ambiental: perecieron más de mil personas y el número de envenenados sobrepasó los dos mil. ¿El culpable? Unos siniestros vertidos de ochenta y una toneladas de mercurio a la bahía. La inhalación, ingestión o contacto con el mercurio es sumamente tóxico, especialmente para el sistema nervioso de fetos e infantes. En el pasado, fungicidas, antisépticos e incluso cremas blanqueadoras de la piel contenían mercurio, en el presente, aunque las amalgamas dentales lo conservan, la manera más frecuente de exponernos al metal consiste en consumir el pescado que lo contenga; recordamos, a los amantes de la gastronomía, que los mejillones entre los mariscos y los peces espada entre los pescados tienen la primacía en cuanto a la cantidad de mercurio almacenado en sus cuerpos.

Se estima que la concentración de cadmio en el suelo se doblará dentro de cincuenta a ochenta años, debido al aumento de la emisión antrópica (en pilas sobre todo) de este metal. ¿Afecta a nuestra salud? El cadmio es cancerígeno, produce debilitamiento óseo, daños en el riñón, en el sistema inmune y en el reproductor. ¿Dónde hay? Algunos alimentos contienen cadmio de forma natural, es el caso de los patés, champiñones, mejillones y cacao; mientras que otros lo tienen porque se los transfirió el agua o el suelo contaminados; y no es desdeñable la cantidad de cadmio que el humo del tabaco transporta a los pulmones de los fumadores.

La fundición de plomo durante la época romana dejó una tenue señal química de la presencia del metal en la corteza terrestre; que se hizo muy marcada desde principios del siglo XX, como resultado del uso de la gasolina con plomo como combustible de los vehículos. El plomo daña el cerebro, los riñones y el sistema reproductor humano. Prevéngase el sensato lector de las viviendas antiguas: suelen tener plomo en las cañerías y en la pintura de las paredes. Aquel pasa al agua; este, en el polvo, al aire. También nos exponemos al plomo si ingerimos alimentos, bebemos agua o inspiramos aire contaminados. Rick Nevin, en el año 2000, halló que entre el sesenta y cinco y el noventa por ciento de los crímenes violentos cometidos en los Estados Unidos se deben al plomo; también demostró que este metal, en los niños y adolescentes, se correlaciona con un bajo coeficiente intelectual y un carácter agresivo y antisocial con tendencias criminales. ¡Juzgue el sabio lector si tenemos pruebas o solo sospechas de que este desaguisado ambiental repercute en nuestra salud! Los geólogos del futuro hallarán que la cantidad de plomo en el ambiente ha aumentado más de mil veces durante los tres últimos siglos; el mayor aumento —que comienza entre 1945 y 1950— refleja —ya lo escribimos— el uso de la gasolina con plomo. Este fenómeno ilustra el hecho de que algunas huellas químicas pueden variar, desde su primera aparición geográfica hasta que se hacen útiles como marcadores globales; como sucedió con muchas sustancias químicas desde la mitad del siglo XX.

Agua dulce

La cantidad de agua del planeta es suficiente para abastecer a toda la población humana presente y futura; sin embargo, algunos problemas matizan el optimismo de la declaración: la contaminación, el cambio climático, el crecimiento demográfico y la desigualdad del reparto mundial —en numerosas regiones un único río abastece a varios países—, ocasionan una disminución paulatina de los recursos hídricos. En ciertas áreas, las reservas de agua potable corren el peligro de caer por debajo de los quinientos metros cúbicos por persona y año, el mínimo que necesita una sociedad para funcionar con normalidad. Aun siendo conocidas, las soluciones no son fáciles: se requiere un pacto entre los dirigentes de todos los estados del mundo para repartir el agua y se debe evitar que las industrias viertan suciedad en las aguas limpias. Las zonas conflictivas potenciales abundan: Etiopía y los países ribereños del Nilo cuestionan los acuerdos que conceden a Egipto más de la mitad del caudal del río; Egipto alega que, sin sus aguas, todo su territorio sería un desierto. El noventa y cinco por ciento del caudal del Jordán se ha trasvasado a Siria, Israel y Jordania o ha sucumbido a la sequía. Alemania, Austria, Hungría, Eslovaquia, Croacia, Serbia, Bulgaria, Moldavia, Ucrania o Rumania: ¿quién contamina y quién sufre la contaminación del Danubio? El mar de Aral ha perdido las tres cuartas partes de sus reservas de agua como consecuencia de desastrosas políticas agrarias, que esquilmaron el agua de los ríos Amu Daria y Sir Daria en el siglo pasado. Cuando el caudal de los ríos de África Occidental comenzó a disminuir, las economías de la región decayeron: la mitad de la población de Nigeria no tiene acceso al agua potable; y Malí depende del río Níger, a pesar de que algunos tramos estén contaminados. Los ríos de las planicies del norte de China, que albergan dos terceras partes de los campos de cultivo del país, perjudican la salud humana por su contaminación; por si fuera poco, en las zonas bajas del río Amarillo no corrió una gota de agua durante siete meses de 1997. Los pantanos y manglares de Bangladesh corren peligro de secarse, debido a la merma del caudal del Ganges, que extiende la sequía río abajo.

El agua es el componente característico de la Tierra y el compuesto esencial para la vida; tal vez constituye el don más preciado que el planeta nos ofrece. Debiera suponerse que, en justa reciprocidad, la humanidad se esforzara en conservar la pureza de sus reservas; nada más lejos de la realidad. El futuro de nuestra especie y el de otras muchas puede estar comprometido por la negligencia de los gobiernos y la insolidaridad de los individuos con las generaciones venideras. Es muy fácil predecir qué ocurrirá si no se logra una buena gestión de los recursos hídricos: ríos transformados en cloacas, lagos convertidos en pozos negros, personas enfermas por beber agua contaminada, playas infectadas, hábitats costeros destruidos, peces envenenados.

¿Conlleva algún peligro que el cambio climático mundial exacerbe la aridez? La demanda mundial de agua dulce está superando las cantidades disponibles en muchos lugares, una situación que no muestra síntoma alguno de remitir. En la actualidad una de cada seis personas, más de mil millones padece de un acceso inadecuado al agua potable. A mediados de este siglo la mayor parte de la población de la Tierra puede que tenga que enfrentarse a déficits de agua dulce. Los científicos esperan que la escasez del agua se generalice debido al aumento de la población, al enriquecimiento y al cambio climático. Además, muchos recursos de agua se encuentran amenazados por residuos urbanos, contaminantes industriales, plaguicidas y fertilizantes agrícolas o por la entrada de agua salada en los acuíferos costeros a medida que se consume el agua subterránea. Puesto que la falta de agua puede ocasionar hambre, enfermedades, inestabilidad política e incluso conflictos armados, la inacción comporta graves consecuencias. Afortunadamente, los científicos ya conocen las técnicas que se requieren para ahorrar agua y procurarse más. ¿Sabrán las poblaciones y sus dirigentes aplicar los remedios a tiempo? Desentenderse de la gestión del agua significa agrandar el problema; cabe esperar que el reconocimiento incite a los gobiernos y a los individuos a la acción. Nuestra salud y la del medio ambiente terrestre nos la exigen.

Aerosoles

Quizá la lectura anterior le haya desasosegado, haga entonces el lector ansioso una inspiración para calmarse, ¿ya? Acaba de inhalar millones de partículas sólidas y gotitas líquidas, estas motas de materia (PM2.5 o PM10, el número se refiere al tamaño) se hallan en la atmósfera, donde permanecen suspendidas entre cuatro días y una semana, tiempo durante el que pueden viajar miles de kilómetros; los químicos las conocen como *aerosoles*, y habitualmente aludimos a ellos como *polvo*, *humo*, *cenizas* y *hollín*.

El noventa por ciento de los aerosoles atmosféricos tiene un origen natural: los volcanes —primera fuente— expulsan cenizas, así como dióxido de azufre, que produce los sulfatos; el viento y las olas arrojan sal marina —segunda fuente— hacia el aire; las tormentas de arena lanzan el polvo mineral de los desiertos a la atmósfera, también los incendios forestales generan aerosoles, incluso algunos vegetales lo hacen, ciertas algas, por ejemplo, emiten sulfuro de dimetilo que se convierte en sulfato. Las actividades humanas —la quema de combustibles, es la mayor fuente, la deforestación, el pastoreo excesivo y la utilización indebida del terreno— generan el diez por ciento de los aerosoles atmosféricos restantes.

A pesar de su pequeño tamaño, varían desde unos pocos nanómetros —menores que un virus— hasta varias decenas de micrómetros —el diámetro de un cabello humano—, los aerosoles afectan al clima y a nuestra salud. El Sol proporciona la energía que impulsa el clima terrestre, pero no toda la radiación solar que llega a la atmósfera alcanza la superficie: los aerosoles —y las nubes formadas debido a ellos— reflejan la cuarta parte. Las nubes se forman cuando el vapor de agua se condensa, cierto; pero para hacerlo necesita de partículas que le sirvan de núcleos de condensación. El aire contaminado contiene más partículas que el aire prístino, más núcleos de condensación, más gotitas de agua y más pequeñas, lo que significa nubes más brillantes y mayor reflexión de luz; en resumen, los aerosoles provocan enfriamiento. Considerados estos argumentos, resulta evidente que los efectos de la era de los combustibles fósiles, con independencia de cuando termine, se atenuarán muy despacio a lo largo de muchos milenios. Además de afectar al ambiente, ¿afectan los aerosoles a nuestra salud? Las partículas grandes del aire se filtran en la nariz y no causan problemas, las medianas (PM10) se instalan en los pulmones, las pequeñas (PM2.5) penetran en el organismo. Producen asma, cáncer de pulmón y enfermedades cardiovasculares. Consuélese el atribulado lector, las grandes caen al suelo en cuestión de horas, las precipitaciones eliminan casi todas las demás.

En las burbujas de aire atrapadas en el hielo de los casquetes polares ha quedado registrada la concentración de dióxido de carbono que había en tiempos pasados; por eso podemos compararla con la del presente. ¿Hay otros registros similares que podamos detectar? Los subproductos de la quema de los combustibles fósiles y de la biomasa dejan huellas químicas en los sedimentos de todo el globo; concretamente, las partículas que se depositan en los terrenos de todo el mundo dejan un rastro, igual que lo dejaron los incendios ocasionados por el impacto del meteorito que extinguió los dinosaurios. La quema difunde por todo el mundo, con un aumento global alrededor del año 1950, el carbono negro (residuo de la combustión incompleta), las cenizas inorgánicas y las partículas carbonosas (hollín) que dejarán una huella química permanente, tanto en los sedimentos como en el hielo de los glaciares.

Ozono

"Lo que yo sé decir es que si mi señor tomase mi consejo ya habíamos de estar en esas campañas deshaciendo agravios y enderezando tuertos, como es uso y costumbre de los buenos andantes caballeros." Si no los entuertos que apunta Sancho Panza, otros no menos importantes enderezaron Mario Molina, Frank Sherwood Rowland y Paul J. Crutzen. Estos tres investigadores recibieron el Nobel de Química, en 1995, por descubrir que algunas moléculas sintéticas, que suben a la estratosfera, afectan al equilibrio del ozono en esa región atmosférica; efectivamente, los compuestos clorofluorocarbonados (CFC) y los óxidos de nitrógeno destruyen el ozono más rápidamente de lo que se regenera. Ya hemos averiguado alguna característica de estas sustancias: su estabilidad, pues solo se rompen —y generan átomos destructores—al ser sometidas a radiaciones ultravioletas, en la alta atmósfera.

El ozono que constituye la capa del mismo nombre se encuentra a unos veinticinco kilómetros de altura sobre el nivel del mar, y es escaso: solo existen tres moléculas por cada dos millones de moléculas de oxígeno. Se forma por la acción de los rayos ultravioleta solares, que rompen las moléculas de oxígeno y permiten que se construya una molécula de ozono mediante la unión de tres átomos de oxígeno; el ozono también se destruye, de nuevo por acción de la radiación ultravioleta, y se convierte en oxígeno molecular. Se establece así un equilibrio dinámico en el que se forman tantas moléculas de ozono como se descomponen; el interés de esta reacción radica en que consume la mayor parte de los rayos ultravioleta. El ozono actúa entonces como un filtro que impide el paso de la radiación perjudicial hasta la superficie de la Tierra; si se agotara, aumentaría la exposición de la biosfera a esos rayos: no solo los humanos seríamos perjudicados con un aumento de los cánceres de piel y de las cataratas oculares; también crecería la mortalidad de las algas, corales y crustáceos, así como de los huevos y de las larvas de los peces.

Unos datos numéricos nos permiten apreciar la magnitud del problema. En las regiones templadas, la cantidad de ozono oscila entre trescientas y cuatrocientas setenta y cinco unidades Dobson, a lo largo del año; en la Antártida, cuando el agujero en la capa de ozono es máximo, solamente se miden cien. Indicamos, por si alguien se pregunta por el origen de la disminución del ozono estratosférico, que el ochenta y cinco por ciento de la destrucción se debe a substancias producidas por las actividades humanas, solo el quince por ciento se debe a alteraciones naturales.

Admiramos en Voltaire —escritor francés del siglo XVIII— su acérrima defensa de la tolerancia religiosa y de la convivencia pacífica entre personas de distintas creencias; alabamos también alguno de sus pronunciamientos: la labor del hombre consiste en decidir él mismo su destino, mejorar su condición mediante la ciencia y la técnica, embellecer su vida con las artes y gobernar sus sociedades con una buena política. Lo calificaríamos de "iluso" si no hubiese escrito también: "¡Dios mío, líbrame de mis amigos! De los enemigos ya me encargo yo". Ignoramos las razones por las que esta cínica sentencia nos recuerda al ozono. Juzgue el lector moralista la ambivalencia de esta sustancia. El ozono atmosférico comenzó a formarse hace mil quinientos millones de años. A él le debemos que la vida saliera del océano para pasar a tierra firme. Desde entonces el ozono estratosférico ha desempeñado una función protectora de los organismos terrestres por su capacidad para absorber la peligrosa radiación ultravioleta del Sol. Se le ha prestado bastante menos atención al ozono troposférico, dañino para la salud humana y para la vegetación, y uno de los principales componentes de la perjudicial neblina marrón (esmog) de las ciudades. Observado por vez primera a mediados del siglo pasado, el ozono troposférico procede de fuentes naturales; en el presente su concentración se ha multiplicado decenas de veces debido a las actividades antrópicas. El ozono no lo emite fuente alguna, se genera a partir de precursores como los óxidos de nitrógeno y los compuestos orgánicos volátiles (COV), un conjunto de varios centenares de productos que la actividad humana, sobre todo desde la mitad del siglo pasado, emite a la atmósfera. Los cov actúan de dos maneras: son precursores del ozono troposférico y destruyen el ozono estratosférico. Cov, como el benceno, tolueno, xileno, formaldehido o percloroetileno, proceden de múltiples actividades humanas: del lavado en seco, de las pinturas, del uso de los disolventes orgánicos, del calzado, de los productos de limpieza, de las sustancias de higiene personal o de los cosméticos, incluso del tabaco: redúzcase su emisión —y la de los óxidos de nitrógeno— y se evitará la formación del peligroso esmog en las ciudades.

Alteración del ciclo del nitrógeno y del ciclo del fósforo

Miles de millones de personas ignoran que deben la vida al descubrimiento de un químico. Fritz Haber, a principios del siglo xx, ideó un procedimiento para obtener el amoníaco, ingrediente esencial de los abonos sintéticos, a partir del nitrógeno del aire; dicho en otras palabras, fue capaz de convertir el nitrógeno no asimilable por la mayoría de los vegetales, en nitrógeno reactivo y asimilable. El abono sintético ha multiplicado la productividad agrícola mundial, y por ello la producción de alimentos ha aumentado hasta límites insospechados. En consecuencia, la población mundial se ha cuadruplicado desde que se aplicó el invento a escala industrial. Según Alan R. Townsend, hemos pagado un alto precio por los beneficios. La mayor parte del nitrógeno reactivo que producimos para abonar la tierra no va a parar a los alimentos: se esparce hacia la atmósfera, los ríos y los océanos, donde se transforma de bienhechor en contaminante. ¿Cómo? Las nocivas floraciones de algas en ríos, lagos y mares, las zonas muertas en las aguas costeras, exceso de ozono troposférico, pérdida de biodiversidad, calentamiento global y más enfermedades, se atribuyen al exceso de nitrógeno reactivo

Antes de que la humanidad comenzara a explotar las técnicas artificiales de fijación del nitrógeno atmosférico, la cantidad de nitrógeno reactivo, fijado naturalmente por un grupo reducido de bacterias, se compensaba con la actividad de otro pequeño grupo bacteriano que devolvía el nitrógeno a su estado gaseoso. Sin embargo, ha bastado un siglo para romper este equilibrio. En el siglo xxi las actividades humanas generan el doble de nitrógeno reactivo al año que la suma de todas las fuentes naturales. Y el nitrógeno en su estado reactivo crea numerosos problemas ambientales; en los pastizales de Europa, por ejemplo, ha desaparecido una de cada cuatro especies vegetales debido a la acumulación en el suelo del nitrógeno producido por nosotros. Para nuestra desgracia el problema de nitrógeno es más insalvable que el problema del carbono. La solución de este último apunta a una producción de energía sin combustibles fósiles. Ahora bien, ¿cómo alimentamos a siete mil millones de personas sin abonos sintéticos? Los abonos sintéticos han sido y seguirán siendo esenciales para satisfacer la demanda mundial de alimentos. Pese a todo, podemos hacerlo mejor; en EE. UU. se aprovecha para el consumo solo la décima parte del abono aplicado cada año en las explotaciones agrícolas; el resto acaba en el entorno.

La actividad humana ha ocasionado el mayor impacto en el ciclo del nitrógeno de los últimos dos mil quinientos millones de años; en particular, el proceso, ya citado, de Haber-Bosch, que transforma el nitrógeno atmosférico en nitrógeno mineral, acompañado del aumento de los óxidos de nitrógeno procedentes de la combustión de los combustibles fósiles, ha aumentado la cantidad de nitrógeno en un ciento veinte por ciento, respecto al nivel del Holoceno, desde el año 1913. La humanidad empezó a cultivar plantas hace unos diez mil años; pero solo desde hace un siglo los agricultores han echado en sus sembrados enormes cantidades de abonos con nitrógeno extraído del aire y con fósforo arrancado de la tierra. Abonos que, desde los campos, llegan a los ríos, y de estos a los lagos o al mar, donde estimulan la producción de plancton; desgraciadamente, cuando tales proliferaciones biológicas mueren y se descompone su biomasa se forman zonas muertas que sofocan la vida en el fondo marino o lacustre. Los fósiles que contengan los futuros estratos nos contarán la historia de una biología devastada: no cabe duda, la agricultura dejará un rastro duradero.

Entenderíamos que el reciclaje es clave para el mantenimiento de la biosfera si asumiéramos que la cantidad de materia en la superficie terrestre es finita; y es imperativo hacerlo porque si no, los nutrientes se agotarán y la vida desaparecerá. El nitrógeno, el fósforo y otros elementos se hallan ora en el suelo, ora en las rocas, ora en el aire o en el agua, unas veces en el reino mineral, otras forman parte de la biosfera: en resumen, experimentan un movimiento, un ciclo biogeoquímico que han alterado las actividades humanas. Sabemos que el nitrógeno y fósforo del suelo se han duplicado en el último siglo debido al aumento desmesurado del uso de los fertilizantes, como prueban los estratos de los lagos y el hielo de Groenlandia, cuya cantidad de nitrógeno es más alta que en cualquier momento de los cien mil últimos años. No debe extrañarnos, por tanto, que el Grupo Técnico Intergubernamental sobre los Suelos de la FAO haya consignado, en el informe titulado *El estado de los recursos de suelos en el mundo* (2015), que: estabilizar o reducir el consumo de fertilizantes con nitrógeno y fósforo constituye una prioridad mundial. Otro dato más nos ayuda a ratificar esta conclusión: la producción de fósforo actual, veintitrés mil quinientos millones de kilogramos anuales, duplica la velocidad con la que el fósforo se ha liberado de forma natural durante el Holoceno.

Estos cambios tienen consecuencias estratigráficas. El exceso de nitrógeno y fósforo vertido en los lagos y mares ha conducido a una deficiencia de oxígeno, que afecta a la fauna y flora local y, en casos extremos, aumenta su mortalidad. Los lagos del hemisferio norte muestran cambios del nitrógeno que comienzan en 1895, acelerándose en los últimos sesenta años; en el hielo de Groenlandia se muestran variaciones del nitrógeno orgánico muy acusadas desde la mitad del siglo XX; las cantidades medidas difieren de las del Holoceno y del Pleistoceno y, por tanto, constituyen marcadores de que algo nuevo ha sucedido. En resumen, existen huellas geoquímicas detectables en los sedimentos recientes y en el hielo de los cambios contemporáneos habidos.

Eutrofización de océanos y lagos

A quienes les entusiasme nadar en el mar, les desagradará bañarse en las playas repletas de algas: ni la arena, ni el agua se ven, solo se distingue un completo y extenso manto verde. Los biólogos conocen el fenómeno: se trata de la eutrofización, una proliferación masiva de algas, algunas tóxicas, en mares, lagos y ríos (y es uno de los problemas más frecuente que afecta a la calidad de las aguas españolas). Las aguas pierden transparencia y adquieren el característico color verde; los peces huyen de la zona y mueren los organismos que viven fijos sobre el fondo, debido a que la descomposición de las algas muertas consume el oxígeno disuelto en el agua; no le sorprenderá al profano saber que, aunque aumenta la biomasa del ecosistema, se empobrece la biodiversidad. El fenómeno se debe a que el ecosistema se sobrecarga de nutrientes: de nitrógeno preferentemente las aguas dulces, de fósforo las aguas saladas.

En el año 2008, algo más de la mitad de los lagos asiáticos y europeos, casi la mitad de los lagos americanos y un poco más de la cuarta parte de los lagos africanos tenía exceso de nutrientes en sus aguas. Los expertos se tropiezan de nuevo con la eutrofización. La cantidad disponible de algunos elementos químicos, como el nitrógeno en los continentes y en las aguas continentales, y el fósforo en los océanos, limita la cantidad de biomasa que contiene un ecosistema. Si las aguas contienen abundantes cantidades de estos elementos, por estar contaminadas, aumenta la producción de biomasa. Sucede, a continuación, una serie de procesos que ya hemos descrito: la explosión de algas provoca un enturbiamiento de las aguas e impide que la luz penetre hasta el fondo; como consecuencia, cesa la fotosíntesis productora de oxígeno, se agota el oxígeno en el fondo y el ambiente se torna anóxico. La radical alteración del ecosistema, su eutrofización en una palabra, acaba con la mayoría de las especies que lo formaban.

No podemos alegar ignorancia, pues conocemos la causa principal de la eutrofización: la contaminación antrópica: agropecuaria (procedente de los fertilizantes o de los excrementos animales), forestal (producida por el abandono de residuos en los ríos), atmosférica (debida a los óxidos de nitrógeno emitidos durante la quema de combustibles fósiles), y la ocasionada por el vertido de efluentes urbanos e industriales. Urge ponerle remedio.

La desoxigenación del océano

La eutrofización no es la única manera en la que los océanos se empobrecen en el imprescindible oxígeno. Se prevé que el calentamiento de un grado en el océano se traducirá en el aumento del diez por ciento de las aguas hipóxicas (perjudiciales para la mayoría de los organismos) y en la triplicación del volumen de las aguas subóxicas (donde la mayor parte de la vida no puede ser sostenida).

Cierto, el océano se desoxigena al calentarse; la concentración de oxígeno oceánico, vital para la vida, se ha reducido un dos por ciento desde los años sesenta, según el experto Dennis Gilbert (2017); y se espera que disminuya al aumentar la temperatura en la superficie terrestre. Alrededor del quince por ciento de la disminución se debe a la subida de las temperaturas, que merma su solubilidad en el agua. El calentamiento del océano tiene importantes consecuencias porque las aguas superficiales más calientes y oxigenadas se mezclan peor con las aguas profundas más frías y pobres en oxígeno (debido a la respiración de los trillones de organismos acuáticos), transportando menos oxígeno a las profundidades. La desoxigenación, entonces, afecta a la productividad de los océanos —no podemos olvidar que el plancton oceánico produce la mitad del oxígeno—, atañe al ciclo de los nutrientes, concierne al ciclo del carbono e, incluso, a los hábitats marinos, pues los grandes peces pierden espacio vital allá donde escasea el oxígeno.

La concentración del oxígeno marino no solo disminuye en los márgenes continentales de muchas regiones, también lo hace en los océanos abiertos, si bien los científicos todavía ignoran si el segundo efecto se debe al cambio climático antrópico o es un proceso natural.

Ahora ya existen zonas de agua marina, agua dulce o agua subterránea, en las que el oxígeno disuelto se ha agotado (se las llama *cuencas anóxicas*): el mar Negro, por debajo de cincuenta metros; el mar Caspio, por debajo de cien metros; la cuenca de Bannock (al este del mar Mediterráneo); la cuenca de Gotland (en el Báltico); la cuenca de L'Atalante (al este del mar Mediterráneo); el Mariager Fjord (en Dinamarca); la fosa de Cariaco (en Venezuela); la cuenca de Orca (en el golfo de México); Saanich Inlet (en la canadiense isla de Vancouver). Y hay indicios de que la eutrofización ha aumentado la extensión de las zonas anóxicas en el mar Báltico y en el golfo de México.

Varias veces, en el pasado, zonas de los océanos agotaron el oxígeno: no cabe la menor duda de ello, el registro geológico nos lo muestra; también nos informa que los sucesos anóxicos coincidieron con extinciones biológicas masivas y, quizá, hayan contribuido a ellas. Es probable —no seguro— que los sucesos anóxicos oceánicos estén relacionados con el calentamiento climático, con los niveles elevados de gases de efecto invernadero y con la desaceleración de la circulación oceánica. Aunque hace millones de años que no han ocurrido estos fenómenos masivos, tenemos motivos para preocuparnos.

Acidificación de los océanos

La acidificación oceánica, nombre dado al descenso del pH del agua marina, aumenta a medida que se emite dióxido de carbono a la atmósfera y este se disuelve en los océanos, produciendo ácido carbónico. Es otro efecto negativo del gas, independiente del calentamiento del planeta, aunque tiene un mismo origen: la quema de los combustibles fósiles. Cierto, los océanos suavizan los efectos climáticos porque absorben alrededor de la tercera parte del dióxido de carbono antrópico emitido; si los océanos no absorbieran treinta millones de toneladas diarias de dióxido de carbono, la concentración atmosférica del gas todavía sería mayor; pero el sumidero tiene un coste: reduce el calentamiento global, a costa de acidificar el mar.

Los oceanógrafos han observado que, desde el inicio de la revolución industrial, la acidez de la capa superficial del océano ha aumentado un treinta por ciento (el pH ha descendido doce centésimas): la vida marina no ha experimentado un cambio tan rápido en millones de años. Y los estudios paleontológicos demuestran la gravedad de un descenso de la acidez del agua tan veloz: hace doscientos cincuenta millones de años, con las mismas circunstancias, desaparecieron nueve de cada diez especies oceánicas.

Los corales y los moluscos, como los mejillones y almejas, tienen dificultades para construir su concha a medida que el agua marina se vuelve más ácida. Pero las consecuencias pueden ser peores; muchos profanos consideran al océano como una gigantesca piscina de agua: yerran, el océano se asemeja más a un pastel de capas, cada una de ellas caracterizada por unas condiciones físicas y químicas concretas. Cuando los animales ascienden y descienden en el océano atraviesan aguas con diferentes pH; resulta lógico pensar, y así se ha observado, que un perfil de pH modificado, debido a la acidificación, dañaría a los organismos. La acidificación obliga a los animales a invertir más energía en el mantenimiento del equilibrio interno, energía que sustraen a otros procesos vitales, como el crecimiento y la reproducción. Al alterar las funciones corporales básicas, la acidificación pone en peligro la salud de la fauna marina e incluso su supervivencia: téngase en cuenta que, solo con la reducción del uno por ciento de los individuos en cada generación, se extinguiría una especie al cabo de un siglo. Cabe añadir que la desaparición de algunas especies tendría consecuencias nefastas en la cadena trófica, pues aumentaría la cantidad de especies que se extinguirían.

El gran silencio

Hace cientos de años, mi especie era tan abundante que nuestras voces resonaban por todas partes. Hoy casi hemos desaparecido. Dentro de poco, la selva estará tan silenciosa como el resto del universo: clama un animal imaginado por Ted Chiang. No vamos a recordar la selva del Congo que evocó Joseph Konrad en *El corazón de las tinieblas*, ni las selvas de los mares del sur que ha descrito Jack London en múltiples relatos, ni siquiera la aventura equinoccial de Lope de Aguirre por el Amazonas que ha narrado Ramón Sénder, ni los desmanes congoleños y amazónicos que describió Mario Vargas Llosa en *El sueño del celta*, tampoco mencionaremos el padecimiento de los últimos militares españoles en los bosques de Filipinas. Intentaremos, en cambio, dar voz a unos pocos seres que viven sumergidos en los océanos, por lo menos a los más grandes, y para ello contaremos con la inestimable ayuda de quienes mejor los conocen, los buzos.

Heródoto, quien vivió en el siglo v a. de J. C., dejó escrita una deliciosa historia. Ella se llamaba Cyana; su padre había desplegado una insuperable destreza para sumergirse y retirar las riquezas contenidas en las naves hundidas durante los combates marítimos; griegas o persas le era indiferente. Scyllias, que así se llamaba el progenitor, instruyó a su hija en su arte y ella pronto igualó sus proezas. Una noche, cuando la tempestad desencadenaba en el mar sus bramidos infernales y hacía trizas los velámenes, padre e hija nadaron hacia los barcos persas de Jerjes y cortaron bajo el agua las cuerdas que sujetaban las anclas: las embarcaciones de sus enemigos se precipitaron contra los escollos y naufragaron.

En el año 325 antes de Cristo, Alejandro y Nearco, el almirante de su flota, impulsados por la curiosidad, se sumergen a veintiséis metros bajo la superficie del océano Índico. El gobernante, que había salido de Macedonia, alcanzado el río Amu Daria y atravesado el Indo, quería contemplar un mundo nuevo desde un receptáculo inmerso en las aguas. ¡El mar infecundo de Homero! ¡Palabras insensatas! Alejandro quedó aterrorizado por los "animales repulsivos y demonios creados por dioses dementes" que descubrió: hoy los identificamos como "el pez sierra", "la orca" y "el tiburón".

En el año 1191, Saladino encomienda a Issa, Ahsan-ul-Ghawasin, "el mejor de los buceadores", la misión de pasar mensajes desde su flota a Acre, la ciudad mediterránea sitiada por los cruzados. Y así lo hizo el intrépido egipcio hasta que lo mataron en el último intento.

En el año 1521, unos meses después de la muerte de Fernando de Magallanes, el buque Trinidad, que había mandado el capitán general, está en Tadore, las Molucas, a causa de una vía de agua. Antonio Pigafetta, uno de los escasos supervivientes de la expedición que dio la primera vuelta al mundo, relata lo que allí ocurrió: "El rey de Tadore acudió donde estaba la nave y ante él cinco buceadores intentaron en vano encontrar la vía de agua. Entonces envió a buscar, al otro lado de la isla, a tres hombres más expertos aún. Al día siguiente se sumergieron, y mientras buceaban dejaron que sus cabelleras flotasen, porque creían que estas señalarían la vía de agua, arrastradas por el líquido hacia el interior de la nave".

El conocimiento que hemos heredado de estos precursores, sumado al adquirido por los oceanógrafos contemporáneos, nos permite comprender cada vez mejor el mundo submarino. Muchas personas ignoran que, cada año, aproximadamente cien millones de tiburones mueren en el mundo sin una causa razonable que lo justifique. La pesca comercial y la captura exhaustiva de estos animales para proteger las aguas ha diezmado sus poblaciones; ocho especies se hallan en peligro de extinción, concretamente, el número de tiburones martillo ha disminuido en un ochenta y nueve por ciento solo durante los últimos veinte años. El apetito de los chinos por la sopa de aleta de tiburón ha disparado las capturas de los escualos; tradicionalmente un símbolo de prestigio restringido a los ricos (una sola aleta sobrepasa el valor de mil dólares), ahora el suculento manjar está al alcance de la numerosa clase media; y la demanda es tan alta, diez millones de kilos son exportados anualmente a Hong Kong, que los tiburones son incapaces de reproducirse al mismo ritmo que los capturan, por lo que no puede extrañarnos que disminuyan sus poblaciones. Aunque muy pocos atacan a personas, lamentablemente, los tiburones tienen una odiosa reputación; de las más de trescientas cincuenta y cinco especies que habitan en el planeta, ocho de cada diez, aproximadamente, son incapaces de dañar a la gente o rara vez se encuentran con personas. "¿Cuántos ataques a humanos?", quizá se pregunte el temeroso lector. No llegan a cien anuales, y menos de uno, de cada diez, resultó mortal (cinco fallecidos en el año 2018), pues el escualo abandona al humano al darse cuenta de que se equivocó de presa.

El atún rojo, que puede alcanzar velocidades de ochenta kilómetros por hora, es uno de nadadores más rápidos del planeta. Este enorme pez, que puede medir más de tres metros y pesar setecientos cincuenta kilos, como los lobos, caza en manadas, y es un devorador insaciable de todo animal que encuentra en su camino, ya sean sardinas, caballas o arenques; además, adaptándose con facilidad a los diferentes ambientes marinos, llega a perseguir a sus presas sumergiéndose hasta profundidades que superan los novecientos metros. Los atunes rojos (*Thunnus thynnus*) son hermosos animales sin fronteras, que abundaban en los océanos… hasta ahora. Hasta la segunda mitad del siglo pasado el atún rojo no interesó a los pescadores, porque no era sabroso después de cocinado; pero el gusto de los japoneses cambió tras la Segunda Guerra Mundial y convirtió al atún rojo en un producto gastronómico muy apreciado, cuando se consume crudo. En Japón hoy, los atunes, que antes se vendían a unos céntimos el kilo, pueden pagarse a centenares de euros por kilo; incluso así el mercado nipón devora cada año sesenta millones de kilos, el setenta y cinco por ciento de las capturas mundiales. Desgraciadamente, la popularidad del sushi y del sashimi ha aumentado la demanda de este codiciado animal. ¿Consecuencia? La sobrepesca del atún rojo ha diezmado sus poblaciones en los océanos Atlántico, Índico y Pacifico, y lo ha convertido en el pez de gran tamaño más amenazado de extinción del mundo.

Los mamíferos marinos no sufrieron mejor suerte que los escualos y grandes peces: dos especies de delfines y seis de ballenas se encuentran en peligro de extinción. La ballena azul, no solo el mayor animal que existe en la Tierra, sino el mayor que ha existido en toda la historia de la vida, era abundante antes del siglo xx en todos los océanos, solo la población de la Antártida contaba con dos o tres centenares de miles de ejemplares. La caza industrial de este gigantesco cetáceo durante solo cincuenta años del siglo pasado diezmó la especie y la llevó al borde de la extinción; hoy, la población mundial se estima entre cinco mil y doce mil ejemplares.

Océanos calientes, sin oxígeno, acidificados y sucios. ¿Qué animales vivirán en sus aguas si desapareen los escualos, los grandes peces y los cetáceos? Las medusas, que han superado todas las extinciones habidas en los océanos. Estos transparentes invertebrados (el noventa y cinco por ciento de su cuerpo es agua) viven suspendidos en el océano desde hace quinientos millones de años, normalmente en aguas superficiales, donde abunda su alimento. Pasarían desapercibidos si no fuera porque cada vez es más frecuente que invadan las costas; sucedió en Japón, en el estuario del Yangtsé, en el Mediterráneo occidental, en el mar Negro, en el golfo de México, en Irlanda y en Namibia, donde su biomasa ya ha superado a la de los peces. Las bruscas plagas de medusas no solo molestan a los turistas que acuden a las playas, sino también alteran los ecosistemas, agotan los caladeros de pesca y dificultan el tráfico marítimo. Si se cumplen las previsiones, es probable que, en este siglo, la biomasa de las medusas supere a la de los peces en algunos océanos: se convertirían entonces en dueñas y señoras del planeta azul. ¿Le disgustan las medusas al playero lector? Proteja a las tortugas marinas: se alimentan de ellas.

Conclusión

Entrc las muchas hucllas químicas quc las actividadcs humanas han introducido en el registro sedimentario se hallan las concentraciones elevadas de hidrocarburos aromáticos policíclicos, de compuestos orgánicos policlorados o polibromados, de plaguicidas y de metales pesados; los ciclos biogeoquímicos del nitrógeno y fósforo se han alterado; la eutrofización de los lagos se ha extendido; los océanos se desoxigenan y acidifican. Sí, los químicos disponen de hechos y argumentos para sostener la teoría que ha acabado una época y empezado otra, el Antropoceno.

Falto de la grandeza de los aedos, del refinamiento psicológico de los intimistas, del brillo del estilo, de la calidad artística, lo único que le sobra al anónimo escritor es el coraje impávido del pueblo llano, y con él sigue adelante, cojeando. Viaja en un navío (que así puede llamarse al planeta Tierra) y sabe que, como al Titánic, un iceberg le espera en el trayecto: incomprensiblemente la tripulación y el pasaje prefiere ignorarlo.

Cambios en el clima

¿El clima de la Tierra está cambiando? ¿Las actividades humanas causan la modificación? En la segunda mitad del siglo xx los físicos se plantearon esta pregunta, realizaron observaciones, elaboraron teorías y llegaron a una conclusión. Pero, como la evaluación del estado del clima tiene repercusiones sociales indudables, el debate saltó de la comunidad científica a la sociedad. Los científicos detectamos muchos síntomas para extremar la cautela: intereses económicos opuestos, dogmatismo, dos bandos en liza, y uso de técnicas de desinformación y propaganda. Con todo, debemos pronunciarnos guiados por la razón y no por las emociones, o sea, debemos prescindir de nuestras simpatías ideológicas. Porque, aunque el escepticismo debe ayudarnos a detectar fraudes, como la clonación humana o la fusión nuclear fría, no debe impedirnos aceptar como buenas teorías científicas con imperfecciones, como la teoría da evolución, desdeñada por un sector de la población. ¿Disponemos de argumentos y datos científicos concluyentes para admitir que el cambio climático antrópico es una buena teoría científica? Sí.

¿Cuándo podemos saber que una teoría científica es verdadera? La comprensión de la realidad basada en pruebas objetivas es un método general para adquirir conocimientos que todos nosotros podemos utilizar; pero resulta evidente que hay personas más expertas que otras en un problema concreto. Cuando se trata de valorar acciones sobre el ambiente, por ejemplo, hay científicos especializados en geología ambiental, climatología o ecología. Debemos tener confianza en el consenso de ese grupo de expertos, pero no una confianza ciega, como la que se tiene en un libro sagrado, no se trata de fe religiosa, sino de confianza racional basada en la comprensión de las pruebas y de los métodos empleados, y en un análisis de factores, como la admisión de críticas, el tipo de formación que han recibido los expertos o cómo se evalúa quién es experto. ¿Qué debemos hacer, entonces, para elaborar una opinión sensata sobre el cambio climático? La Organización Meteorológica Mundial y el Programa de las Naciones Unidas para el Medio Ambiente crearon el Grupo Intergubernamental de Expertos sobre el Cambio Climático (IPCC) en 1988 para proporcionar al mundo una visión científica sobre el estado actual del conocimiento sobre el cambio climático antrópico y sus potenciales impactos ambientales y socioeconómicos. Léase el último Informe de Evaluación elaborado por el IPCC: nada más.

Tiempo y clima

Antes de continuar, y para evitar confusiones, debemos diferenciar *tiempo meteorológico* de *clima*. El clima puede ser bueno o malo, el tiempo meteorológico también ¿Cómo distinguirlos? El clima de Canarias es bueno... aunque el tiempo sea malo algunos días, en cambio el clima de Siberia o del Sahara resulta francamente malo... aunque algunos días se presenten buenos. Clima y tiempo se relacionan de una manera similar a como lo hacen una película de cine y una fotografía: la película —el clima— consiste en la proyección sucesiva de fotografías —instantáneas de tiempo meteorológico—. El estado de la atmósfera en un lugar y en un momento —el cielo despejado, la lluvia o la nieve— constituye el tiempo, que traduce lo que de instantáneo tiene la meteorología, mientras que la vegetación de una región traduce lo que de duradero hay en los fenómenos meteorológicos: el clima propio de la región. Y de la misma manera que el número medio de hijos de una población, puede ser uno y medio, sin que ninguna mujer tenga la mitad de un hijo, para definir el clima de una región también se requieren valores medios de la temperatura y humedad.

¿El clima terrestre fue siempre igual?

Resulta difícil determinar el clima de un planeta. Es verdad que los modelos climáticos presentan muchas imperfecciones, pero también lo es que las observaciones hechas desde los satélites y el análisis de la historia de la Tierra nos han permitido conocer la atmósfera y el clima con una exactitud inimaginable hace apenas cien años. Tenemos pruebas concluyentes de que el clima cambió en el pasado y que, por lo tanto, cambiará en el futuro; también disponemos de hipótesis para explicar sus causas.

Observaciones concluyentes nos permiten colegir que existen tres escalas temporales de variación del clima en nuestro planeta. A escala de cientos de millones de años hemos hallado pruebas geológicas decisivas de que en la Tierra hubo una alternancia entre las glaciaciones y las épocas de invernadero (que se caracterizan por la ausencia de hielo en todo el planeta). Existen muchas hipótesis para explicar estas mudanzas: las variaciones en la radiación recibida del Sol, los cambios en la colocación de los continentes sobre la superficie del planeta, la circulación oceánica, las orogenias o la cantidad de gases de invernadero. Ignoramos todavía cuál es la hipótesis correcta. A una escala menor —de cientos de miles de años— el clima terrestre presenta una alternancia entre los períodos glaciales y los interglaciales. La hipótesis más probable los atribuye a las oscilaciones periódicas de la geometría de la órbita de la Tierra en torno al Sol, aunque no podemos olvidar la influencia de las inversiones del campo magnético terrestre. A una escala de milenios, siglos o decenios se presentan crisis climáticas; causadas por erupciones volcánicas, por cambios en la actividad del Sol (que se reflejan en los ciclos de las manchas solares) y por otros factores todavía desconocidos.

¿Cuál es el clima contemporáneo? Tenemos pruebas para saber que nos encontramos en un período interglacial —la Tierra se calienta— de una glaciación —los polos están cubiertos de nieve— que se inició hace quince millones de años. ¿Qué nos deparará el futuro próximo? Existen dos posibilidades: que el clima siga como en los últimos once mil setecientos años, que dura el período interglacial en que estamos inmersos, o bien que se produzca un cambio climático.

Aun a riesgo de perder fluidez en el relato, merece la pena detenernos en una aclaración. Emplear una misma palabra para fenómenos diferentes puede suscitar penosas confusiones, incluso entre científicos profesionales. Así sucede con el término *glaciación* que geólogos y antropólogos emplean con significado distinto. Para los geólogos el término *glaciación* se refiere a un periodo de la historia de la Tierra en el que existen casquetes glaciares en uno o ambos hemisferios; según esta definición, ahora nos encontramos en una glaciación porque todavía hay casquetes polares en Groenlandia y la Antártida. Los antropólogos, sin embargo, utilizan el término *glaciación* con otro significado: se refieren a los períodos más fríos de los últimos millones de años, cuando extensos casquetes glaciares cubrieron Norteamérica y Eurasia: según esta otra definición, la glaciación más reciente acabó hace once mil setecientos años. En resumen, para los geólogos vivimos en una glaciación, aunque muchos antropólogos —y no pocos aficionados— digan que la glaciación ya terminó.

Precedentes. Safari fotográfico en el Cretácico

¿Desearía, el lector amante de la fotografía, viajar en un crucero por el Ártico y la Antártida carentes de hielo? Cierre los ojos e imagínese, en la cubierta de un trasatlántico, observando animales propios de climas templados en las regiones polares: cocodrilos durmiendo en las regiones boreales o tortugas navegando en las aguas australes. Un viajero del tiempo así vería nuestro planeta durante el período Cretácico (comenzó hace ciento cuarenta y cinco millones de años y terminó ochenta millones de años más tarde). Además de descongelar los polos, el cálido clima terrestre en aquellos tiempos tuvo otras secuelas; el nivel del mar habría ascendido más de doscientos metros, cota jamás alcanzada anteriormente; es más, solamente un dieciocho por ciento de la superficie terrestre sobresaldría del agua (hoy la superficie emergida llega al veintinueve por ciento). Contribuiría al bienestar del feliz viajero en el tiempo la tranquilidad de los mares, que se debería a los débiles vientos, consecuencia de la menor diferencia de temperatura entre los polos y el ecuador.

¿Qué animales vería nuestro trotamundos? Además de los abundantes tiburones y rayas, y de algún pez moderno, contemplaría reptiles y, sobre todo, dinosaurios; también algunas aves primitivas, y quizá algún pequeño mamífero (escaseaban). Si al turista le gustase el buceo debería cambiar de latitud para contemplar, en las abundantísimas aguas someras (calientes y salobres) de los mares tropicales y subtropicales, arrecifes: unos moluscos de dos conchas, cónicas, de hasta un metro —los rudistas, extinguidos al final del período con los dinosaurios— igualaron la capacidad de los corales contemporáneos para construir los arrecifes. Y si navegase por la región en la que se halla actualmente el Caribe, norte de África, golfo Pérsico, mar Negro, mar Caspio y el mar de Aral, lo haría en un mar rebosante de plancton, por cierto, que acabaría convertido en el sesenta por ciento del petróleo actual. Plancton que también ha contribuido a la formación de los sedimentos que se transformaron en creta, una roca blanda de color blancuzco que forma los actuales acantilados ingleses de Dover.

Pocos cambios han afectado de forma tan profunda al paisaje continental de la Tierra como la llegada y rápida dispersión de las plantas con flores, que aparecieron durante este innovador período; sin embargo, las plantas que tienen semillas desnudas y carecen de flores —las coníferas— seguían dominando la vegetación de aquellos tiempos; con sus restos, en las regiones australes y septentrionales, se formaron los enormes yacimientos de carbón (lignito) actuales.

Y nadie más, ¡ay, nadie! verá cosas como aquellas.

Calentamiento del planeta

Los climatólogos han comprobado ya, sin duda, que el clima terrestre es más cálido y que, desde la década de los cincuenta, muchos cambios carecen de precedentes en los últimos milenios: la atmósfera y el océano se han calentado, la cantidad de hielo ha disminuido y el nivel del mar ha subido. En las últimas décadas, los cambios climáticos, cualquiera que sea su causa, han causado impactos observables en la naturaleza: ha aumentado la intensidad y frecuencia de los fenómenos meteorológicos extremos desde 1950, incluyendo una acentuación de las temperaturas frías extremas, un aumento de las temperaturas cálidas extremas y una elevación del número de precipitaciones fuertes.

Los datos apabullan: en la actualidad, la concentración de dióxido de carbono atmosférico es más alta que en cualquier otro momento de los últimos dos millones de años. Sin embargo, la superficie terrestre apenas se ha calentado, su temperatura media ha crecido un grado, aproximadamente; y se prevé que habrá superado el grado y medio a la mitad de este siglo; no parece mucho. Quizá los climatólogos se hayan equivocado y no deberíamos alarmarnos, especulará el prudente lector. Permítasenos una analogía: cualquier paciente entiende que, para diagnosticar una enfermedad o prescribir un tratamiento, el médico debe atender no a un dato, sino a un cuadro completo de signos vitales, presión sanguínea, ritmo cardíaco, temperatura, hematocrito... Lo mismo sucede con el clima. Desde hace tiempo el objetivo de los gobiernos y de los científicos se ha centrado en mantener el calentamiento global por debajo de dos grados centígrados con respecto a los valores preindustriales; esta meta, fácil de entender para el profano, ha sido aceptada sin crítica: tal simplificación debe enfrentarse a la realidad. Sería maravilloso disponer de un solo índice —la temperatura media— que reflejase todos los riesgos del cambio climático, desgraciadamente no es así. Para evaluar nuestra influencia sobre el clima debemos valorar un abanico de signos sobre los efectos de la actividad humana en el clima. La concentración de dióxido de carbono atmosférico, y del resto de los gases de invernadero, constituye el mejor indicador, pues su acumulación altera el equilibrio energético del planeta. Los océanos absorben hasta el noventa y tres por ciento de la energía extra añadida a la superficie terrestre; energía que, almacenada en el mar, se libera lentamente a lo largo de siglos: por ello la cantidad de calor absorbido por el océano constituye otro buen indicador del equilibrio energético del planeta, y muestra el riesgo que entraña para las generaciones futuras. El Ártico ha experimentado un calentamiento muy rápido, ya que el clima de altas latitudes es más sensible a las alteraciones climáticas del planeta; quizá esa amplificación ártica esté causando condiciones meteorológicas extremas en latitudes medias; las temperaturas en las latitudes altas, al ser tan sensibles y al generar alteraciones visibles, también deberían considerarse un signo vital de la Tierra. Carecemos, y necesitamos, de un índice que cuantifique el riesgo de los fenómenos meteorológicos extremos. Colegimos que, para valorar el impacto humano en el clima, existen mejores indicadores que la temperatura media, poco relacionada con lo que los gobiernos pueden controlar de manera directa. Los ciudadanos necesitan entender la evolución del clima para aprobar el gasto del dinero: en ese sentido el conjunto de indicadores mencionados quizá no resulten tan efectivos a la hora de explicar dónde está el peligro, pero sí más realistas.

Precedentes

El análisis del calentamiento global requiere un conocimiento cuantitativo, no cualitativo, de la sensibilidad del clima a las perturbaciones externas, de la magnitud de las agresiones inducidas por las actividades humanas y del tiempo que el clima tarda en reaccionar a las perturbaciones; un conjunto de factores que se puede estudiar haciendo simulaciones, o escrito con palabras más precisas, diseñando modelos matemáticos. Para comprobarlos se requieren los datos de los climas que hubo a lo largo de la historia de la Tierra.

Los geólogos saben que, en los últimos millones de años, el clima ha oscilado repetidamente entre edades de hielo y períodos interglaciales más calientes. Estas oscilaciones climáticas van asociadas a variaciones de la órbita terrestre, perturbaciones que apenas cambian la energía solar media anual que llega a la Tierra; pero sí su distribución geográfica y estacional y, por tanto, afectan a la formación y fusión del hielo y a la absorción y emisión del dióxido de carbono y del metano por el suelo, las plantas y el océano. Los datos paleontológicos nos permiten hacer comparaciones con los predichos por los modelos que disponemos: para validarlos, mejorarlos o descartarlos. Además, los datos históricos nos ratifican que, hoy, las actividades humanas alteran la atmósfera, el suelo, la vegetación o el océano más que las variaciones orbitales.

Hace cincuenta y seis millones de años, la temperatura terrestre aumentó cinco grados en unos pocos milenios, intervalo que nombramos Máximo Térmico del Paleoceno Eoceno (PETM); a consecuencia de él las zonas climáticas se desplazaron hacia los polos, por lo que los seres vivos tuvieron que migrar, adaptarse o morir. Los científicos sospechan que un aumento de la actividad volcánica submarina provocó la liberación del metano, acumulado en los sedimentos de los fondos oceánicos, a la atmósfera. El fenómeno del pasado se parece al presente porque el aumento de la temperatura se debió a una inyección de gases de efecto invernadero en la atmósfera y en los océanos equiparable al volumen que podría generar nuestro consumo de combustibles fósiles. El fenómeno nos muestra que la verdadera pregunta no es cuánto cambiará la meteorología o cuánto se elevará el nivel del mar, sino ¿con qué rapidez se producirán los cambios?, ¿tendremos los moradores del planeta tiempo para adaptarnos?

Balances de energía

En el año 1976, James Hansen y otros científicos habían evaluado los efectos de los gases invernadero sobre el clima; sabían que se estaban acumulando en la atmósfera, especialmente el dióxido de carbono. Hoy hemos comprobado que el aumento de gases de efecto invernadero es el principal impulsor del cambio climático. Tales gases, originados por las actividades humanas, perturban el equilibrio energético del planeta y, por lo tanto, el clima; como una manta, absorben la radiación infrarroja (el calor) que de otra manera escaparía de la superficie terrestre al espacio. En consecuencia, la Tierra absorbe más radiación del Sol de la que radia al exterior: este desequilibrio energético calienta la superficie del planeta. ¿Cuánto? Dos vatios y tres décimas cada metro cuadrado (valor medido en el año 2011 respecto a 1750); si comparamos este valor con los obtenidos en los años 1950 y 1980: seis décimas de vatio, y un vatio con tres décimas, respectivamente, colegimos que la cantidad de calor añadido al globo casi se ha cuadruplicado. ¿Dos insignificantes bombillitas de un árbol de Navidad disipan el calor capaz de calentar los océanos, derretir el hielo y fundir los glaciares? Imposible, pensará el lector, la debilidad del calentamiento no puede regir la fuerza de los vientos o el poder de las olas; el contraste con las asombrosas fuerzas de la naturaleza resulta demasiado brusco. Sin embargo, ya se perciben los efectos: hemos comprobado que los glaciares retroceden, que la superficie del hielo ártico es menos extensa y que la primavera llega antes que hace medio siglo.

Gases de efecto invernadero

No albergamos dudas sobre la influencia humana en el clima. Las emisiones antrópicas de gases de efecto invernadero —las más altas de la historia— han aumentado desde la era preindustrial impulsadas por el crecimiento económico y demográfico humano; de tal manera que las concentraciones atmosféricas de dióxido de carbono no tienen precedentes en los últimos dos millones de años; y han sido la causa del calentamiento detectado desde mediados del siglo XX.

La concentración de dióxido de carbono atmosférico aumentó desde un valor preindustrial de doscientos ochenta ppm (en el año 1750) a cuatrocientos en el año 2015; compárese este crecimiento con el aumento de solo veinte ppm durante los ocho milenios previos a la industrialización; y en la última década el incremento se produce a razón de casi dos (uno coma nueve) ppm cada año. Resulta obvio señalar que el uso de combustibles fósiles es la causa principal del aumento del dióxido de carbono atmosférico.

No todo el gas emitido permanece en la atmósfera, solo una parte, el océano y la biosfera absorben el resto. Para predecir la evolución del clima y sus consecuencias nos interesa disponer de un balance anual del carbono atmosférico: los expertos de la Organización Meteorológica Mundial lo han hecho; operando como si se tratase de un balance financiero, evalúan los ingresos y los gastos, o sea, cuantifican las entradas (fuentes) y las salidas (sumideros) del carbono de la atmósfera. Los datos anuales siguientes corresponden al balance del año 2015: 9,9 gigatoneladas de carbono emitidos a la atmósfera se deben a los combustibles fósiles extraídos de las reservas geológicas; los cambios en el uso de la tierra, principalmente por deforestación, y los incendios de bosques y pastizales emiten uno coma tres; la tierra absorbe dos y el océano absorbe tres. Se suman las emisiones, al cómputo se le resta la suma de las absorciones y el resultado nos proporciona un crecimiento del carbono en la atmósfera de 6,2 gigatoneladas en un año. Aunque hemos prescindido de los márgenes de error, este recuento de la perturbación humana del ciclo global del carbono, en cada fuente y sumidero, nos permite estimar el balance del aumento anual de carbono atmosférico.

Dejemos volar la imaginación un día que nos sintamos pesimistas. El día del juicio final ha llegado, en el Armagedón todo ser vivo, desde un roble a una hormiga y desde una bacteria a un humano, se ha quemado, se ha convertido en dióxido de carbono y ha pasado a la atmósfera. En este tétrico escenario la cantidad de dióxido de carbono que se habría generado sería inferior a la que la humanidad ha provocado desde que quema combustibles fósiles, hace unos doscientos años. Así de rotundas resultan las cifras.

Aunque el dióxido de carbono es el más importante gas invernadero no debemos desdeñar los otros, pues la suma del efecto de los demás gases atmosféricos —el metano, los halocarburos, los óxidos de nitrógeno y el ozono troposférico— tiene una magnitud considerable. Además de las moléculas gaseosas presentes en la atmósfera, los aerosoles (minúsculas partículas sólidas o líquidas que flotan en el aire) también alteran el clima. La naturaleza se encarga de generar el noventa por ciento de los aerosoles —cenizas volcánicas, tormentas de polvo, erosión del suelo, incendios forestales o pulverización del agua marina—, la actividad humana, al quemar combustibles fósiles o modificar la superficie terrestre, produce el diez por ciento restante. Su efecto es equívoco: algunos son muy reflectores, otros adulteran las propiedades de las nubes, en cualquier caso es probable que causen enfriamiento; ante tal ambigüedad, los expertos reconocen que la magnitud de la perturbación climática provocada por los aerosoles es todavía incierta. No solo los gases de efecto invernadero y los inciertos aerosoles influyen en el clima, también lo hace el cambio en la cubierta del suelo, aunque en menor proporción; cabe señalar, por tanto, que la cantidad de energía solar reflejada por la superficie terrestre ha variado, debido a la modificación de más de la mitad del paisaje del planeta con cultivos, pastizales y ciudades. No parece probable que otras perturbaciones naturales, como las erupciones volcánicas o las fluctuaciones del brillo solar presenten ritmos climáticos en la escala de milenios; con todo, sabemos que, en el último siglo y medio, ha habido un aumento de unas décimas de vatio causado por nuestra estrella.

Aclaraciones para escépticos

El egoísmo de algunos y la ignorancia de muchos probablemente sean los principales culpables de la crisis ambiental; si no conseguimos paliar el primero, tratemos al menos de atenuar la segunda proporcionando argumentos a cuatro afirmaciones que suelen oírse entre los profanos.

"¡No noto ningún calentamiento!" "¡El invierno pasado fue tan frío…!" Hasta ahora la temperatura ha aumentado un grado, aproximadamente, mientras que las fluctuaciones diarias son de cinco grados. Si bien el aumento térmico no obliga a que una estación sea más cálida hogaño que antaño, sí duplica la probabilidad de que una estación sea más cálida ahora que antes.

El calentamiento antrópico nos está librando de la próxima Edad de Hielo. Cierto, pero ya hemos añadido a la atmósfera más gases de invernadero de los necesarios.

El calentamiento se debe a que las estaciones meteorológicas están cerca de las ciudades, más calientes que los alrededores. Falso. El máximo calentamiento se registra en la región ártica o en los océanos, lejos de las grandes urbes.

Los cambios climáticos se deben a la variabilidad de la intensidad de la radiación solar. Falso. El Sol solo ha aportado alrededor de la cuarta parte del calentamiento global ocurrido en el último siglo y medio; y no se espera una tendencia creciente, a largo plazo, de la intensidad de la radiación emitida por el Sol.

Inundaciones y sequías, excesos de frío y de calor

La corriente de chorro del hemisferio norte se asemeja a un cinturón de aire que fluye a gran altura en las latitudes medias y presenta ondulaciones hacia el norte y el sur. ¿Tienen algún interés tales curvas? Gran parte de la meteorología cotidiana depende de ellas.

Entre 2013 y 2014 la corriente de chorro experimentó unas ondulaciones muy pronunciadas. Tales contorsiones, cada vez más frecuentes, causaron intensas tormentas, calores excesivos y daños millonarios en Europa. Tras adoptar tal configuración el chorro cruzó el planeta lentamente; incluso se detuvo en algunas regiones donde ocasionó tiempo anómalo. La humanidad no es ajena a tales anomalías: una ola de calor acompañada de sequía sucedió en Rusia en 2010; el fenómeno provocó que las lluvias que debían caer sobre los cultivos rusos, se convirtieran en inundaciones catastróficas en Pakistán. La sequía rusa obligó a recortar la exportación de trigo, lo que elevó el precio de los cereales e impulsó las revueltas de la primavera árabe del año 2011.

Cuesta entender a los profanos, y también a algunos científicos, que el sistema climático no es lineal, que los efectos no son directamente proporcionales a sus causas. Un ligero calentamiento puede disparar un cambio súbito hacia un régimen meteorológico distinto del anterior, asegura Jeff Masters. Si la corriente de chorro está entrando o ha entrado en un nuevo régimen —acalorado debate en el que están inmersos los climátologos—, el cambio augura problemas para nuestras sociedades. Si las ondas de la corriente de chorro se amplifican en respuesta al cambio climático antrópico, tenderán a aumentar las olas de calor y las olas de frío; se acrecentarán también las sequías, las precipitaciones extremas y las inundaciones. Conocemos sus consecuencias: las sequías intensas en el centro de Norteamérica, Europa y Asia Central se correlacionan con el aumento del precio de los alimentos; y no podemos desdeñar el aumento de la frecuencia de los incendios.

El clima del planeta ha cambiado por influencia antrópica en los últimos decenios y tales cambios modifican la meteorología; resulta probable, por lo tanto, que la corriente de chorro experimente un comportamiento extraño; en cualquier caso, sea cual sea la causa, algo le ocurre. Aunque los climatólogos saben que el clima está cambiando y que la principal causa son las actividades humanas, todavía alegan ignorancia en muchos aspectos. Señalamos una muestra de su sabiduría y de su impericia: pronostican que, a mitad de este siglo, la banquisa ártica habrá desaparecido durante el verano. ¿Qué sucederá después? Si se confirma que las anomalías de la corriente de chorro obedecen a los cambios del Ártico, su deshielo provocará más comportamientos irregulares; si el Ártico no influye en el chorro, casi sería más preocupante, porque implicaría que las alteraciones en la corriente de chorro obedecen a un mecanismo desconocido cuya respuesta al cambio climático ignoramos.

Dejemos ahora volar la imaginación. Fantasee el lector con una tormenta de radio comparable al de la Tierra, con vientos de seiscientos kilómetros por hora, rayos cien veces más potentes que los habituales y activa desde hace más de trescientos años. No se trata del producto de una imaginación desbocada: los físicos han comprobado que tal tormenta existe en Júpiter. ¿Podría la atmósfera terrestre volverse hostil para la vida si la meteorología actual se desbaratase mediante un efecto invernadero disparado? Sí. ¿Cómo? Liberándose a la atmósfera el metano que permanece retenido en los suelos helados y en el fondo de los mares. ¿Es posible? Sí. ¿Probable? No. Para el futuro esperemos que... vuelen los estorninos y los vencejos, una urraca blanca y negra salte de piedra en piedra mientras una alondra silba sobre los sembrados. Se extienda una tenue cinta de niebla casi imperceptible y un viento ligero corra sobre el campo: el aire está limpio, lúcido, transparente, diáfano.

Calentamiento de los océanos

Decíamos, en párrafos anteriores, que las actividades humanas han alterado el equilibrio energético de la Tierra. Aun cuando la humanidad recobrara la cordura y dejara de transformar la composición de la atmósfera, utilizando energías que no emitiesen dióxido de carbono, la superficie terrestre seguiría calentándose durante un tiempo, porque la mayor parte del desequilibrio energético se debe al calor que acumulan los océanos. Sí, el planeta retiene calor: envía al espacio menos radiación hogaño que antaño. Y el océano acumula el noventa por ciento del exceso de la energía. Esta energía ha elevado la temperatura del agua marina desde 1971, sobre todo de la capa superior del océano (los setecientos primeros metros). ¿Tiene alguna importancia? Los meteorólogos saben que basta un ligero aumento de la temperatura de la superficie del océano para tornar en huracanes un gran número de tormentas tropicales.

El cambio climático muda las condiciones de la vida: aumenta la temperatura de las aguas superficiales oceánicas, influye en el cambio de las corrientes marinas y en la disminución del fitoplancton, base de la cadena trófica. Francisco Ramírez, Isabel Afán, Lloyd S. Davis y André Chiaradia han recopilado datos para determinar cómo afecta el cambio climático a los mares del planeta. Quizá el profano piense que, como las condiciones físicas y químicas dentro de un líquido son iguales, sucederá lo mismo en el océano:

yerra. El calentamiento global no es idéntico en todas las aguas marinas; y se trata de un fenómeno más complejo que el efecto de la latitud. El calentamiento oceánico concierne a las aguas superficiales, la capa de agua donde empieza la vida marina, donde el fitoplancton realiza la fotosíntesis que sustenta toda la cadena trófica, desde el kril a las gaviotas, sardinas o delfines. El estudio anterior —publicado en *Science Advances* (2017)— muestra que el calentamiento de las aguas superficiales no ha dejado de aumentar desde la penúltima década del siglo pasado, que la concentración de clorofila por metro cúbico no ha parado de disminuir desde entonces; y que las corrientes marinas, responsables de repartir el calor por todo el planeta se están frenando. Combinando los tres fenómenos, los investigadores han medido el impacto del cambio climático a escala local: han observado el mayor aumento de la temperatura del agua en las regiones polares; han comprobado que las corrientes marinas se han trastocado en el hemisferio norte y se calienta el norte del Atlántico y del Pacífico; también han constatado que se reduce la velocidad de la corriente oceánica en las regiones del Pacífico cercanas al ecuador. Sospechan los autores que la suma de los impactos ocasionará una pérdida de biodiversidad y una homogeneización de la vida: las especies dependientes de las condiciones locales sucumbirán ante la mayor capacidad de adaptación de las especies globalmente distribuidas.

Los cuatro investigadores han identificado seis regiones que poseen la mayor biodiversidad marina del mundo (una en Asia, otra en África, dos en Suramérica y dos en Oceanía) y han comprobado que estos puntos calientes coinciden con las zonas más afectadas por el calentamiento; a nadie extrañará que en ellos haya disminuido la productividad biológica. Y conviene no olvidar que estas zonas también concuerdan con las áreas donde más abunda la pesca.

La circulación oceánica

Cualquier lector culto conoce las corrientes oceánicas superficiales; es más, quizá recuerde, como prueba de su sabiduría, la corriente del Golfo —una de ellas—. Resulta más difícil que nuestro ilustrado amigo conozca la existencia de las corrientes oceánicas que afectan a las aguas profundas, y constituyen el noventa por ciento de los movimientos del agua oceánica: las corrientes termohalinas, como su nombre indica, son causadas por las diferencias de temperatura y salinidad en el agua marina. Los oceanógrafos han averiguado que el agua terrestre se mueve como si estuviese sobre una gran cinta transportadora: se hunde desde la superficie hasta las zonas más profundas —en el Ártico y Atlántico norte— y emerge —en el norte del Índico y en el Pacífico—; con corrientes calientes desplazándose en la superficie y corrientes frías discurriendo por las profundidades. Como resultado se produce un transporte neto de calor del ecuador hacia los polos; resulta fácil colegir que esta circulación oceánica global regula el clima del planeta porque, si se interrumpiese, el área intertropical se volvería cada vez más cálida y las regiones polares, más gélidas. No solo el clima, también la estabilidad de la vida depende del mantenimiento del cinturón de transporte oceánico; su desaparición alteraría la cantidad de oxígeno y nutrientes que intercambian las aguas superficiales con las aguas profundas, y afectaría a los seres vivos que viven en ellas. Poco más hay que argumentar, tal vez añadir que los climatólogos saben que la interrupción ya sucedió en el pasado, hace doce mil setecientos años y duró doce siglos. En apenas una década se interrumpió el calentamiento y deshielo del planeta: regresó el frío, por lo menos a las latitudes altas del hemisferio norte. Groenlandia estaba quince grados más fría que en la actualidad; se sustituyeron los bosques escandinavos por la tundra; en las islas Británicas descendieron las temperaturas cinco grados, volvieron los glaciares a las tierras altas de Europa Occidental y las condiciones casi glaciares a las llanuras. Desde entonces no ha habido un cambio climático tan rápido. ¿La causa probable? Los climatólogos consideran que una parada de la circulación oceánica global, debido a un flujo repentino de agua dulce.

"Los humanos estamos jugando a la ruleta rusa con el clima". No hace mucho emitió esta sentencia un prestigioso científico... y ya se sabe cómo suelen acabar esos malhadados juegos.

El nivel del mar

La tercera parte de la población mundial vive a menos de cien metros sobre el nivel del mar; después de esta constatación resulta superfluo hacer un alegato sobre la necesidad de preservar las líneas costeras. Porque muchas megalópolis modernas se encuentran cerca del litoral, la elevación del nivel del mar —según James Hansen— constituye el mayor problema del calentamiento del clima. Y el nivel del mar ascenderá si el calentamiento ocasionara la fusión o el desprendimiento al océano del hielo atrapado en los tres grandes casquetes glaciares del planeta—retienen el noventa y nueve por ciento del hielo, el uno por ciento restante se concentra en los glaciares alpinos—. El cálculo de las cantidades nos permite apreciar su importancia; el nivel del mar asciende un milímetro y seis décimas por cada seiscientos veinticinco kilómetros cúbicos de hielo que se transfieren del continente al océano: una cifra inofensiva... en apariencia. Comprobémoslo: si se funde el hielo de la Antártida Occidental, el mar subiría cinco metros y ocho décimas; el deshielo del casquete glacial de Groenlandia ocasionaría un ascenso de siete metros y tres décimas; el hielo de la Antártida oriental elevaría cincuenta y un metros y ocho décimas el nivel de los océanos. En total, el mar ascendería sesenta y cuatro metros nueve décimas, compárese con la altura (setenta y seis metros) de la Torre de las Campanas o de la Carraca, que enmarcan el Obradoiro de la catedral de Santiago de Compostela.

Precedentes: lecciones de la historia

Existen precedentes que muestran un nivel del mar más alto que el actual. En el último período interglacial (entre ciento veintinueve mil y ciento dieciséis mil años atrás), el nivel medio del mar estuvo, por lo menos, cinco metros por encima del actual. No cabe duda alguna: los precedentes de la historia de la Tierra y el presente desequilibrio energético ocasionado por las actividades humanas dibujan un cuadro inquietante: si el desequilibrio continuara no se podría evitar la desglaciación.

El Holoceno es la última época geológica del período Cuaternario que, supuestamente, ha acabado al empezar el Antropoceno. Comprende los últimos once mil setecientos años y su comienzo se establece en el fin del episodio frío, posterior a la última glaciación. Se trata de un período interglaciar en el que la temperatura se volvió más suave y el hielo de algunos casquetes glaciares se derritió, provocando un ascenso en el nivel del agua marina.

El aumento no fue uniforme: hubo varios pulsos de deshielo rápido, alternados con intervalos de deshielo lento. El primer pulso tuvo lugar hace diecinueve mil años: en menos de medio milenio, el nivel del mar subió entre diez y quince metros. Durante el segundo el nivel del agua subió entre dieciséis y veinticuatro metros en cinco siglos. Se rompió la secuencia más de doce mil años atrás; la Tierra volvió casi a las condiciones glaciares, permaneciendo en este estado durante algo más de un milenio; durante ese abrupto cambio climático disminuyó la descongelación, probablemente, debido a la parada de la circulación termohalina, como consecuencia de la descarga de agua dulce en el Atlántico Norte causada por el deshielo. Al final de este último período un tercer pulso de deshielo hizo subir el nivel del mar unos veinticinco metros, en cinco siglos.

Los pulsos de deshielo rápido cesaron hace unos seis mil años; desde entonces la elevación del nivel mar se volvió gradual. Concretamente, desde hace tres mil años hasta el 1900, el nivel del mar ha tenido un aumento anual casi constante de una a dos décimas de milímetro; incremento que se ha multiplicado por diez a partir del año 1900; y más todavía desde el año 1993, cuando el aumento alcanzó los tres milímetros y una décima cada año. Hasta el más torpe observador puede colegir de estos datos que algo le pasa al clima.

Ascenso del nivel del mar

El Sol se hundía en el mar, lloraba en la proa un acordeón de emigrante, las olas se teñían de violeta y un sendero de oro rielaba por la banda de poniente. Sí, el agua es maravillosa, y hay mucha en nuestro planeta: mil trescientos ochenta y seis millones de kilómetros cúbicos del agua líquida superficial, que se hallan distribuidos en los océanos y mares, en las aguas subterráneas, en los lagos, en los ríos, en la atmósfera, en los suelos y en los seres vivos.

Holanda, año 1953: un millón de personas oyeron doblar las campanas en horas intempestivas. Una mortífera combinación de vientos y mareas abrió brecha en los malecones, el agua desbordó los diques y penetró hasta sesenta y cuatro kilómetros de la costa. ¿Consecuencia? La sexta parte del país apareció inundada de la noche a la mañana.

Sabemos que el nivel del mar se elevó diecinueve centímetros durante el período 1901-2010: no parece mucho; sin embargo, entre finales del siglo XIX y principios del siglo XX, se produjo una transición: se pasó de una elevación media relativamente baja —similar a la registrada en los últimos dos milenios— a una más alta. Los datos son reveladores: cada año, el nivel del mar ha subido un milímetro y siete décimas de media entre 1901 y 2010, dos milímetros entre 1971 y 2010, y tres milímetros y dos décimas entre 1993 y 2010.

Se conocen varios factores que han contribuido a la subida. El agua se dilata cuando se calienta; alrededor de la mitad del aumento del nivel del mar que se produjo durante el siglo xx es atribuible a este efecto; la tercera parte durante el período 1993-2010. Solo la dilatación térmica del agua del océano debida al aumento de la temperatura bastaría para elevar treinta centímetros en un siglo.

El aumento de la temperatura superficial convierte hielo en agua, agua que se filtra por debajo de las enormes plataformas heladas de Groenlandia y de la Antártida, lubrica las corrientes de hielo, que se deslizan así con mayor rapidez, y provoca que enormes cantidades de hielo se desprenden del continente y se viertan en el mar. En los dos últimos decenios, los mantos de hielo de Groenlandia y la Antártida han perdido masa y los glaciares han menguado: algo menos de la mitad de la subida del nivel del mar se debe a ello. Parte del hielo de los glaciares continentales y de los casquetes polares se funde en verano; pero en invierno las precipitaciones de nieve compensan el deshielo; durante milenios las aportaciones han compensado las pérdidas; sin embargo, en la actualidad, la cantidad de hielo estival derretido ha aumentado y las nevadas invernales han disminuido; tal desequilibrio, la adición de líquido, ha ocasionado una elevación en el nivel del mar.

Sin embargo, el fenómeno más evidente del deshielo para el profano, la desaparición de la banquisa del Ártico, no afecta al nivel del mar. La banquisa ártica —la capa de hielo flotante— al final de la época estival se ha reducido a la mitad, desde 1900 y se prevé que desaparezca en este siglo. No obstante —repetimos—, no alterará el nivel del mar; compruébese: el nivel de agua en un vaso asciende cuando se le añade un cubo de hielo; pero permanece invariable cuando el hielo se funde. El nivel del mar asciende del mismo modo, cuando el hielo continental se desprende del casquete polar y entra en el océano; pero no cuando se funde.

Emigrantes

La primera migración humana sacó de su patria originaria africana a nuestros ancestros para expandirse por el mundo. ¿Qué les empujó a emprender tan colosal viaje? Probablemente los primeros colonos aprovecharon una bonanza climática para entrar en Asia. Más tarde, la revolución neolítica, el inicio de la agricultura, fue posible con el paso de un ambiente frío y seco a un ambiente cálido y húmedo. Más próximas a nosotros que las habidas en tiempos prehistóricos, las migraciones impuestas por el clima también han modelado la civilización. Una larga sequía impulsó a los hebreos a abandonar Canaán hacia Egipto, que abandonaron posteriormente encabezados por Moisés. A finales del siglo IV, cambios climáticos desfavorables en el norte de Europa impulsaron a las tribus germánicas a abandonar sus lugares de origen, atravesar el Rin y el Danubio y penetrar en las regiones sureñas más agradables; tales migraciones, que se prolongarán a lo largo de dos siglos, propiciarán la caída del Imperio romano. Hace un milenio una sequía contribuyó a que los mongoles, los temibles tártaros, se extendieran por Europa. Hoy la historia se repite en otros escenarios. Las Naciones Unidas estiman que las calamidades relacionadas con el clima expulsan de su hogar a veinte millones de personas cada año: una cifra cuatro veces superior al número de desplazados por conflictos violentos. Sin darnos cuenta hemos entrado en una época marcada por rápidos cambios climáticos debido a la emisión antrópica de gases de efecto invernadero.

Nadie sabe si, a finales de este siglo, los robots dominarán la Tierra, la vejez habrá desaparecido o habremos visitado Marte; pero sí sabemos que la Tierra se habrá calentado y también hemos calculado cómo será, probablemente, el clima (la temperatura diaria media y la precipitación anual media) de cualquier lugar del planeta en el año 2100. Unos diez mil millones de personas vivirán en un planeta más cálido, ocho de cada diez en ciudades. Algunos se habrán convertido en refugiados climáticos, que huirán de las zonas donde una temperatura insoportable se haya vuelto habitual o donde la subida del nivel del mar haya destruido sus hogares. Se prevén fuertes alteraciones de la pluviosidad —sequías e inundaciones—, mayores alteraciones de la temperatura —olas de frío y calor—, también una elevación del nivel del mar y acidificación de los océanos; el Ártico sufrirá el calentamiento más acusado del planeta; en ciertos lugares las olas de calor producirán decesos y los incendios serán más frecuentes y virulentos; las sequías se intensificarán en algunas regiones del mundo; en otras aumentará la cantidad de precipitaciones con las consecuentes inundaciones. Colegimos que el conjunto de estos fenómenos trastornará los ecosistemas de los que dependemos para nuestra subsistencia. Gran parte de los treinta y ocho estados insulares —islas de baja altura sobre el nivel del mar— podrán haber desaparecido antes de acabar el siglo; otros levantarán viviendas —seis de cada diez está sin construir— por encima de los niveles de inundación o las trasladarán a una región más elevada. Añadimos, para que no quede duda alguna, que el aumento de la cantidad de catástrofes de origen climático es verificable: en tres décadas se ha duplicado el número de desastres naturales.

Constatamos que cuantas más tormentas y sequías soportan México y América Central, más hispanoamericanos emigran a Norteamérica; comprobamos que si se intensifica la sequía en el Sahel crece el flujo de africanos hacia Europa. No parecen importarle tales observaciones a chinos y norteamericanos, europeos e hindúes; los habitantes de los países que nos llamamos civilizados seguimos quemando combustibles fósiles y emitiendo dióxido de carbono a la atmósfera. Hemos dejado de escuchar la naturaleza. El hombre contemporáneo se ha separado de los océanos, ha desamparado a los bosques y ha menospreciado al suelo y los animales; ha transformado, en fin, la naturaleza en la decoración de sus vacaciones.

Todavía estamos a tiempo

Sabemos que el sufrimiento humano no deja señales en la naturaleza; pero, como también es consecuencia del cambio climático, creemos que debe recordarse. Han aumentado las emigraciones y también ha aumentado el riesgo de conflictos bélicos. Desde 2007 a 2010, Siria padeció la sequía más devastadora de su historia: se destruyeron las cosechas y se perdió ganado: las revueltas sociales crecieron. Las repercusiones de la sequía, agravadas por el cambio climático y las malas políticas gubernamentales, encendieron la crispación social que desembocó en una guerra civil. Siria representa el preludio de lo que puede aguardar a la región mediterránea, al Oriente Medio y a otras regiones del planeta. En resumen, aunque ignoremos los fenómenos geológicos, la salud de los ecosistemas o la conservación de la biodiversidad, podemos asegurar que el calentamiento perjudicará al bienestar de la humanidad.

El calentamiento ha aumentado la frecuencia, intensidad y duración de las olas de calor, ciclones, sequías y precipitaciones extremas: en consecuencia, los expertos prevén que la estabilidad en el suministro de alimentos disminuirá en proporción inversa a dicho aumento; con el consiguiente riesgo de que algunas poblaciones humanas sufran escasez alimentaria y hambre. Prevén también que aumentará el número y la intensidad de los incendios forestales, con el consiguiente efecto sobre la salud e integridad de las personas.

El calentamiento ha provocado la expansión de las zonas climáticas áridas y la contracción de las zonas climáticas polares; tanto es así que, durante el último medio siglo, la extensión de las zonas áridas ha aumentado algo más del uno por ciento anual: solo en tres décadas, alrededor de quinientos millones de personas han padecido la desertificación. Y no debemos olvidar que la productividad de los cultivos y de la ganadería en las regiones áridas se reduce.

El calentamiento ha intensificado la degradación y erosión del suelo, particularmente en las áreas costeras, deltas fluviales, zonas áridas y regiones de permafrost; alteraciones que afectan a las infraestructuras, alimentación y medios de subsistencia de los humanos que allí habitan.

Los humanos debemos evitar que la Tierra supere los dos grados de aumento de temperatura media —entiéndase los cuatrocientos cincuenta ppm de concentración del dióxido de carbono en la atmósfera— porque en caso contrario dañaremos gravemente la habitabilidad del planeta. Yerran quienes argumentan que ya no hay tiempo para descarbonizar la economía: sí da tiempo, si hacemos una transición radical; es una tarea difícil, pero no imposible. Recogemos las conclusiones de Michael Mann, a quien el IPCC entregó, junto con los otros "científicos que habían contribuido sustancialmente a la preparación de los informes del IPCC", un certificado "por contribuir a la concesión del Premio Nobel de la Paz 2007 al IPCC". Al ritmo actual de emisión, de diez mil millones de toneladas de carbono anuales a la atmósfera, en treinta años llegaremos al tope que podemos quemar. Permanecer por debajo de los dos grados de calentamiento exigirá que un tercio de las reservas de petróleo, la mitad del gas natural y el ochenta por ciento del carbón se queden en el suelo; también habrá que abandonar la extracción de la mayor parte de las arenas bituminosas. Y si solo fuera eso… Debemos hacer una reforestación masiva: los bosques deben crecer hasta cubrir una extensión como la que tenían antes de la deforestación humana; para que extraigan la cantidad suficiente de carbono de la atmósfera. La transición hacia fuentes de energía que no emitan carbono a la atmósfera resulta ineludible, y quizá también lo sea la implementación de técnicas de extracción directa del dióxido de carbono de la atmósfera. Sí, resulta caro; pero el coste de actuar es la mitad de no hacerlo; y no se trata de una conclusión de los expertos del IPCC, sino de la empresa multinacional petrolera ExxonMobil. ¿Podemos estabilizar el calentamiento del planeta en dos grados? Si nos preocupa el bienestar de la humanidad no podemos dejar de hacerlo, concluye el doctor Mann.

Conclusión

La cantidad de gases atmosféricos de efecto invernadero ha aumentado, la temperatura superficial del planeta ha subido, la frecuencia de los fenómenos meteorológicos extremos ha crecido, hay más inundaciones y sequías, se ha desequilibrado el balance energético entre la radiación que llega y la que sale del planeta, el nivel del mar se ha elevado y los océanos están más calientes. En resumen, el cambio climático es un hecho cierto. Sí, los físicos disponen de argumentos para sostener la teoría que ha acabado una época y empezado otra, el Antropoceno.

Puede ser un asunto sencillo como puede, en casos complejos como este, exigir presteza en la reflexión, cautela en el planteamiento y precisión matemática en la resolución. En cualquier caso, si permanecemos pasivos, la atmósfera terrestre puede convertirse de invernadero en estufa.

¿Cuándo empezó el Antropoceno?

Queda todavía por identificar una acción humana contemporánea que hemos ignorado hasta ahora: la explosión de armas nucleares. En las consecuencias del uso de estos instrumentos bélicos hallamos el fenómeno antrópico más generalizado y globalmente sincrónico. No debe extrañarnos de que algunos científicos insinúen que el comienzo del Antropoceno se defina coincidiendo con el momento de la detonación del primer dispositivo atómico, ocurrido en Alamogordo (Nuevo México, EE. UU.) en el año 1945.

Las opciones para identificar el comienzo del Antropoceno abarcan desde el pasado, hace miles de años, cuando empezaron a notarse los primeros efectos antrópicos, hasta el futuro, cuando nuestra influencia quede expresada en su totalidad. Entre los posibles candidatos para el inicio de la nueva época se incluyen: la llegada de la agricultura, la domesticación animal y la deforestación extensiva; el intercambio de especies entre el Viejo y el Nuevo Mundo como consecuencia de la colonización europea de América; el comienzo de la revolución industrial en el 1800 (sugerencia original de Crutzen); y la Gran Aceleración de mediados del siglo xx. Por numerosas razones el comienzo del fenómeno conocido como *la Gran Aceleración* marca, para muchos investigadores, el inicio del Antropoceno: por la gran aceleración del crecimiento demográfico (el crecimiento de la población pasó del cincuenta y tres por ciento en la primera mitad del siglo xx, al ciento cuarenta y uno por ciento en la segunda mitad), por la gran aceleración del consumo energético y mineral ocurrida a mediados del siglo xx, y por la gran aceleración de la industrialización que se produjo al unísono. A partir de ese momento, en los estratos del planeta se nota un acentuado aumento del hormigón, de los plásticos, del plutonio y de los restos de una biología transformada.

Trinidad

El reloj marcaba las cuatro horas y el calendario, el 16 de julio del año 1945. En el desierto de Nuevo México, cerca de Alamogordo, se iba a realizar un experimento de física, uno de los de los más controvertidos de la historia de la humanidad: sus diseñadores pretendían liberar la energía contenida en los núcleos atómicos.

Después de años de resolver ecuaciones y elaborar teorías por parte de las mentes más brillantes de la física y de la química contemporáneas, los científicos que participaban en el Proyecto Manhattan habían terminado su terrible obra: tres bombas atómicas, una de uranio y dos de plutonio, llamadas *Little Boy*, *Fat Man* y *Gadget*, estaban preparadas para explotar. Conocemos quiénes intervinieron en el proyecto: un ingeniero —James B. Conant—, un científico —Vannevar Bush— y un militar —Leslie Groves— formaban el núcleo dirigente; si bien los actores clave, los cerebros de Los Álamos, fueron otros, Enrico Fermi, Hans Bethe, Stanislaw Ulam, Edward Teller, Richard Feynman y John von Neumann; también intervinieron J. Robert Oppenheimer, el director científico, Arthur Compton, Niels Bohr, Otto Frisch, Emil Konopinski, Robert Serber, Ernest Lawrence, Luis Walter Álvarez y George Kistiakowsky; el lector erudito conocerá a muchos de ellos porque fueron orgullosos poseedores de un premio Nobel. No nos olvidamos del planificador —Kenneth Bainbridge— ni del creador —Seth Neddermeyer— del primer ensayo de explosión atómica: su nombre clave era Trinity, 'Trinidad' en español.

Dejemos ahora que uno de los observadores nos cuente qué sucedió en el día y hora crucial. Junto con muchos de los impulsores del Proyecto Manhattan, el general Thomas Farrell, adjunto del general Leslie Groves, se encontraba en un puesto de control, a diez kilómetros del lugar de la explosión. En su informe escribió: "Todos los que nos encontrábamos en aquella habitación éramos conscientes de las tremendas potencialidades asociadas a lo que allí se iba a presenciar... Estábamos llegando al límite de lo conocido y no sabíamos lo que podía acontecer. Puede afirmarse con seguridad que la mayoría de los allí presentes —cristianos, judíos y ateos— rezaban y lo hacían con mayor intensidad que hubieran hecho nunca antes". Una vez contemplada la explosión continuó: "Los efectos bien podían ser calificados de inauditos, colosales, hermosos, extraordinarios y aterradores. Nunca antes había ocurrido ningún fenómeno artificial de tan enorme potencia. Todo el paisaje quedó iluminado por una luz cegadora de intensidad muchas veces superior a la del Sol del mediodía. Era dorada, púrpura, violeta, gris y azul… Era aquella belleza con la que los grandes poetas sueñan".

La primera prueba nuclear superó todas las previsiones: la energía liberada sobrepasó el límite máximo de cinco mil toneladas de TNT previstas por los físicos. Los observadores que vieron la hoy familiar bola de fuego y la nube en forma de hongo quedaron fuertemente impresionados. Cegados por la luz, les sorprendió la onda de choque, que los alcanzó treinta segundos más tarde, y el posterior estruendo, que duró varios minutos. Farrell habló del sentimiento que embargaba a los presentes y que les impulsaba a "dedicar sus vidas a la misión de que la nueva fuerza fuera siempre utilizada para el bien y nunca para el mal". A las palabras del general añadimos unas palabras de Albert Einstein "Nosotros [los científicos] ayudamos a construir la nueva arma para impedir que los enemigos de la humanidad lo hicieran antes, puesto que dada la mentalidad de los nazis habrían consumado la destrucción y la esclavitud del resto del mundo". Sí, así nos disculpamos los científicos; lamentablemente esta sentencia refleja una parte de la verdad, no toda. Recojamos también las primeras palabras del general Farrell al general Groves inmediatamente después de la explosión: "La guerra se ha terminado". "Sí, después que arrojemos dos bombas sobre Japón", replicó Groves.

Una de las bombas se había detonado en el desierto, las otras dos lo hicieron apenas tres semanas después: en la mañana del 6 de agosto, Little Boy devastaría Hiroshima, tres días más tarde, Fat Man arrasaría Nagasaki. ¿El resultado? Doscientos mil muertos. La humanidad mostraba de manera espectacular su incapacidad para manejar el poder del átomo en la Tierra. Los soldados que habían trabajado en la construcción de la primera bomba atómica habían apostado a que los científicos eran incapaces de ganar la guerra: perdieron. Los físicos ya ocupan un lugar, como soldados sin uniforme, en los libros de historia.

La humanidad había entrado en la era atómica. El Antropoceno había empezado.

Huellas radiactivas

Los científicos han detectado un cambio espectacular en la magnitud del impacto humano sobre el planeta, que podría concretarse, al menos su comienzo, en el 16 de julio de 1945, fecha en la que se detonó la primera bomba atómica, explosión que distribuyó partículas radiactivas por todo el globo. No hay más que estudiar las anomalías radiactivas en los sedimentos recientes de cualquier parte del mundo: en el suelo, en los fondos oceánicos o en el hielo de los casquetes polares, para encontrar la primera evidencia del impacto de la actividad humana a escala planetaria. Esta capa radiactiva, que incluso absorbieron los seres vivos, constituye una de las huellas más distintivas de la llegada del Antropoceno.

Se han realizado alrededor de dos mil ciento cincuenta pruebas atómicas hasta ahora; medio millar de ellas explotaron en la atmósfera lanzando residuos nucleares que cayeron sobre la superficie de todo el globo. Nos interesa el comienzo: la detonación del primer artefacto atómico de fisión inició una lluvia radiactiva local que duró del año 1945 al 1951; las pruebas con armas termonucleares de fusión también han generado una señal clara y global, en este caso, desde 1952 a 1980: un exceso de núcleos radiactivos de carbono catorce y plutonio doscientos treinta y nueve que, junto con otros isótopos artificiales, alcanzó un máximo en la década de los sesenta.

No cabe duda, los científicos disponen de señales objetivas, claras y concluyentes para datar el comienzo del Antropoceno.

Epílogo

Sófocles hace clamar al coro de Antígona: "Muchas cosas hay portentosas, pero ninguna tan portentosa como el hombre... Referente a la sabia inventiva, ha logrado conocimientos técnicos más allá de lo esperable y a veces los encamina hacia el mal, otras veces hacia el bien".

Para optimistas

¿Cree el lector escéptico que, en los últimos veinte años, la proporción de la población mundial que vive en extrema pobreza se duplicó, permaneció igual o se redujo a la mitad? Aunque cueste creerlo, se redujo a la mitad. La mayoría de las personas contesta mal a esta sencilla pregunta; porque está mal informada y basa sus respuestas en ideas preconcebidas, incluso los expertos; pues, en la escuela, cuando aprendieron estos asuntos, adquirieron la información que había en ese momento. La gente tiende a responder con información de hace veinte o treinta años; y los cambios mundiales se han acelerado en ese tiempo. La mayor parte de la población mundial vive en algún lugar intermedio entre la riqueza y la pobreza: tiene dos hijos, alimenta a su familia, se vacuna, dispone de luz eléctrica y trabaja duro. Pero esta realidad diaria no se ve en la televisión, ni se oye en la radio, ni se escribe en los periódicos. Sí, en el siglo XXI, tenemos motivos para ser optimistas en lo que concierne a la salud humana. La desigualdad entre las diferentes regiones mundiales ha disminuido: en el último cuarto de siglo la mayor parte de los países menos desarrollados se ha acercado a los más desarrollados en longevidad, riqueza y educación, según los datos que aportan la Organización de las Naciones Unidas y la Organización Mundial de la Salud. El hambre ha descendido al nivel más bajo que se sepa. Por primera vez en la historia, la pobreza extrema afecta a menos de uno, de cada diez humanos. Los terrestres gozamos de mejor salud que en el pasado: la esperanza de vida crece y las enfermedades se cobran menos víctimas. Las muertes debido a la malaria o al sida se han reducido a la mitad en tres lustros; la mortalidad infantil requirió un cuarto de siglo para reducirse en la misma proporción. Desde el año 1945 el número de víctimas de las guerras ha disminuido en proporciones gigantescas; también la tasa de asesinatos, aunque en menor proporción; cierto, cualquier guerra resulta espantosa, aun así, desde un punto de vista global vivimos una era de relativa paz; sobre todo en Europa, más pacífica que en cualquier otro momento de su historia; compárense cifras: en el quinquenio 2015-2019, en la Unión Europea murieron menos de cuatrocientas personas en atentados terroristas… en las carreteras el número de fallecido supera los cien mil.

Repetimos los argumentos que Steven Pinker ha expuesto en su libro *En defensa de la ilustración. Por la razón, la ciencia, el humanismo y el progreso*. "Recién nacidos que vivirán más de ocho décadas, mercados rebosantes de alimentos, agua limpia que aparece con un chasquido de dedos y residuos que desaparecen con otro, píldoras que eliminan una infección dolorosa, hijos que no son enviados a la guerra, hijas que pueden caminar por las calles con seguridad, críticos de los poderosos que no son encarcelados ni fusilados, los conocimientos y la cultura mundiales accesibles en el bolsillo de una camisa". Logros humanos, no derechos de nacimiento: porque sabemos que todos los países pueden retornar a condiciones primitivas: en la memoria de muchos lectores —y en la experiencia de quienes moran en regiones menos afortunadas del mundo—, la guerra, la escasez, la enfermedad, la ignorancia y la amenaza de muerte son parte consustancial de su existencia. Pensadores y políticos de ambos extremos del espectro ideológico parecen estar de acuerdo en que las instituciones de la modernidad, inspiradas en la Ilustración que están garantizando el progreso, tales como la democracia y las organizaciones de cooperación, han fracasado y que todos los aspectos de la vida están sumidos en una crisis cada vez más profunda, en que el derribo de esas instituciones convertirá el mundo en un lugar mejor (alentando así alternativas atávicas como la lealtad a la tribu, la reverencia hacia la autoridad, el pensamiento mágico o la necesidad de culpar a alguien por los infortunios); sin embargo, "la Ilustración ha funcionado y tal vez sea la mayor historia jamás contada. Y dado que este triunfo ha sido tan poco reconocido, los ideales subyacentes de la razón, la ciencia y el humanismo también han sido menospreciados. Lejos de constituir un consenso, estos ideales son tratados por los intelectuales actuales con indiferencia, con escepticismo y a veces con desprecio; sin embargo, cuando se valoran adecuadamente, los ideales de la Ilustración (también llamados humanismo, sociedad abierta y liberalismo cosmopolita) son, de hecho, emocionantes, estimulantes y nobles; son una razón para vivir".

Para pesimistas

Si nos fijamos en la salud ambiental, tenemos motivos para ser pesimistas en el siglo XXI. El impacto de los seres humanos en la biosfera es dramático; la llegada del Antropoceno refleja que somos una plaga que ha comenzado a asolar al planeta. Deforestación, pérdida de hábitats, comercio ilegal de especies o sobreexplotación: la sexta extinción biológica masiva es producto de un conjunto de factores que tienen un denominador común: la humanidad. Cuatro datos nos ayudan a entender la radicalidad de estos cambios: el descomunal consumo de seres vivos por parte de la humanidad (solo el tres por ciento de los mamíferos terrestres son criaturas salvajes, el noventa y siete por ciento o son humanos o son animales que nos sirven de alimento); el gran número de plantas y animales que se mueven por todo el mundo fuera de sus hábitats naturales; la transformación del paisaje: tres cuartas partes de la superficie terrestre no cubierta por el hielo se ha modificado de una manera drástica; y la desmesurada intervención de la tecnología en la naturaleza. Nada es comparable al proceso en el que estamos sumergidos en la actualidad; si no tomamos medidas, los nietos de nuestros nietos vivirán en un mundo en el que tres cuartas partes de las especies vivas que existen hoy habrán desaparecido.

Piensa Jean-Jacques Rousseau que la naturaleza del hombre es buena, Thomas Hobbes cree que somos naturalmente malvados: ambos filósofos se equivocan. Los biólogos han demostrado que, a lo largo de nuestra historia evolutiva, para sobrevivir, la selección natural ha incluido al egoísmo y al altruismo en nuestra carga hereditaria, el mismo proceso selectivo también nos ha incorporado la capacidad de ser libres. Un eco de esa facultad nos llega desde la profundidad de los tiempos, Jenofonte, hace dos mil cuatrocientos años, cuando necesita arengar a diez mil griegos en un momento crítico, no se le ocurre mejor argumento que apelar a la libertad, para que combatan por su supervivencia: “Cuando los persas y todos sus aliados marcharon con un ejército formidable para destruir a Atenas, los atenienses osaron resistirles y les vencieron… Los trofeos recuerdan a la vista estos hechos; pero su mayor testigo es la libertad de las ciudades en las cuales habéis nacido y os habéis criado: en efecto, no reverenciáis como señor a ningún hombre, sino tan solo a los dioses”. Pedro Calderón de la Barca, dos milenios más tarde, nos dirá que los seres humanos actúan como actores en el gran teatro del mundo, que la vida es sueño y que el libre albedrío es el mayor anhelo del protagonista de una de sus obras maestras: “Nace el ave… ¿y teniendo yo más alma, tengo menos libertad? Nace el bruto… ¿y yo, con mejor instinto, tengo menos libertad? Nace el pez… ¿y yo, con más albedrío, tengo menos libertad? Nace el arroyo… ¿y teniendo yo más vida, tengo menos libertad?”. Somos libres: tenemos la capacidad para destruir los ecosistemas o conservarlos. Sí, tenemos libertad para administrar la naturaleza; por razones egoístas, pues el agotamiento del ambiente ha producido el ocaso de otras civilizaciones pretéritas. También por razones altruistas: resulta innecesario recordar los argumentos sobre la necesidad de conservar la Catedral de Santiago de Compostela, la Catedral de Notre Dame de París, la Mezquita Azul de Estambul o la Mezquita de Tombuctú, alegamos las mismas razones para conservar los tigres, rinocerontes o elefantes; porque la desaparición de estos animales, u otros con los que la humanidad sueña desde que los pintó en la cueva de Altamira, ya es una posibilidad real. Escribe Yuval Harari: "Somos más poderosos de lo que nunca fuimos, pero tenemos muy poca idea de qué hacer con todo ese poder. Peor todavía, los humanos parecen ser más irresponsables que nunca. Dioses hechos a sí mismos, con solo las leyes de la física para acompañarnos, no hemos de dar explicaciones a nadie. En consecuencia, causamos estragos a nuestros socios animales y al ecosistema que nos rodea, buscando poco más que nuestra propia comodidad y diversión, pero sin encontrar nunca satisfacción. ¿Hay algo más peligroso que unos dioses insatisfechos e irresponsables que no saben lo que quieren?"

Tal vez no sea demasiado tarde para limitar los daños porque (permítasenos usar no tanto las palabras, como el modelo de Gonzalo Torrente Ballester)...

La vida se hizo en torno a una estrella. La estrella la va creando día a día, siglo a siglo, sin más que proporcionar la luz. Y de la materia caótica la estrella va sacando las cosas. Primero, sus fotones, los átomos de donde ellos salen, y la gravedad. Después, las piedras, las aguas, los volcanes y los vientos. Por último, las bacterias, las algas y las plantas, y los peces nadando en el océano, y los animales que, desprovistos de él, corren por la tierra, y esos otros que aparecen perdidos entre las nubes, venidos quién sabe de dónde, con la señal de los años transcurridos en sus genes.

Cuando la oscuridad sumerge al planeta, todo vuelve al estado primitivo e informe y no quedan, sino las tinieblas y el recuerdo de la estrella. Los seres vivos se desvanecen, disolviéndose su ser en cierta lenta involución que los hace fantasmales. Si la oscuridad persiste, las plantas se mustian, los animales perecen, la biosfera se desmorona como un castillo de naipes. Da la impresión de que un poco más de oscuridad dejará de la vida solo el recuerdo.

El ser del planeta es este hacerse y deshacerse en un juego interminable. Cuando la lluvia bate con frío las piedras agrietadas, se erosionan las rocas, se lavan los continentes, y las masas se ofrecen duras, definitivas, intachables. Allá el Himalaya, aquí los Alpes, acullá las Montañas Rocosas. Después, si la lluvia es fina y clara, amén de mansa, tiemblan aristas y perfiles, como vistos a través de humo: un temblor imperceptible, como de carne estremeciéndose de vergüenza. Al final queda una llanura interminable apenas interrumpida por oteros y colinas suaves. Pero si luce el sol, triunfan los colores: las rocas doradas y calientes, los musgos amarillos, los líquenes, los arbustos, las lianas que trepan por los troncos, los cactus que brotan en el desierto, los manglares que invaden las aguas, los gigantescos árboles amazónicos que asaltan el aire; brota el germen de la vida en cualquier superficie y en los campos llanos, y en las laderas pone el penacho triunfante un matojo de helechos, o el rojo una amapola, o el azul una verbena que nace casi en cualquier parte, o una azalea, o una margarita que irrespetuosa rompe primeriza el verde de un campo abandonado; el color y la vida aparecen en un terreno recién deshelado, encima de un desierto, entre los fríos antárticos, en las profundas fosas submarinas o en la isla volcánica recién formada. ¡Y tantas cosas más!

También la palabra tiene su parte en la obra de la Tierra, también el verbo ha colaborado en la obra inmensa. Las piedras, las criaturas son hermosas, sí, y suponerlas nacidas de una colaboración entre la materia fría y la luminosa estrella es una bella teoría científica; pero cada piedra, cada criatura tiene un nombre, y los nombres son tan hermosos como las criaturas y las piedras.

Nombres de continentes, de mares, de montañas, nombres de volcanes, de islas, de ríos. Elefantes, escarabajos, atunes. Abedules, sargazos, culantrillos.

No intervinieron en el bautismo padrinos conocidos, no fue un genial científico ni un visionario poeta el que, frente al esquema ideal de la Tierra, fue eligiendo vocablos para este lugar y para el otro. Nos gustaría suponer que, así como las fuerzas elementales construyeron el gran edificio y diseñaron su arquitectura, un científico soñador, eminencia gris, hubiera imaginado una criatura y otra, un nombre y otro nombre, hasta que todo el planeta, con su historia, se encerrase en una lista de palabras de prosapia milenaria. Pero no fue así, no: fue de muy diferente manera. Fue la obra del tiempo que transforma la forma viva como gasta la piedra, y que embellece las criaturas vulgares como hermosea con su pátina el color de una llanura. Polvorienta en el pasado; el tiempo la convirtió en una verde pradera.

Si vuestro espíritu necesita una explicación estética, oíd a los poetas; pero poco amará a la Tierra quien se atenga solo a las valoraciones artísticas. Habrá quien quiera poner un mito detrás de cada nombre, mitificarlo todo, cerrar los ojos, olvidar las teorías científicas, y creer que la Tierra ha nacido ahora mismo: recibirla como un regalo de las hadas; y si el contemplador es incrédulo y no cree en ellas, entonces recibirla como un regalo de un Espíritu, si en él cree; y si no cree, como un regalo de cualquier ficción a la que se agarra su alma para no sentirse tan sola.

No lo olvidéis; solo quienes conserven el poder del asombro, amarán al planeta. Por el camino del asombro recibirán en sus ojos la revelación que las piedras y las criaturas proclaman claramente al que tenga ojos y sepa ver, al que oídos tenga y no los haya cerrado. Es el camino de la ciencia: poner a cada piedra una etiqueta, a cada criatura un nombre, a ambas una fecha; y señalar su origen, su contenido, su estructura, su funcionamiento, sus relaciones, su evolución. Y dejar que el espíritu se meza en la contemplación de la arquitectura de las piedras y el dinamismo de las criaturas. No importa que, después de la comprensión, añadáis hermosos arcanos y primorosas leyendas, sugestión y poesía. Unida, al fin, la razón con las emociones, valoraréis plenamente la belleza del planeta Tierra.

Bibliografía

Extinción biológica

Blaustein, Andrew; Johnson, Pieter (2003): "Malformaciones en anfibios". *Investigación y Ciencia*, 319: 46-52, abril.

Blaustein, Andrew; Wake, David (1995): "Declive de las poblaciones de anfibios". *Investigación y Ciencia*, 225: 8-13, junio.

Bottjer, David (2005): "Orígenes de la complejidad animal". *Investigación y Ciencia*, 349: 40-45, octubre.

Boyd, Claude; Clay, Jason (1998): "Acuicultura de camarones y ambiente". *Investigación y Ciencia*, 263: 22-29, agosto.

Cox-Foster, Diana; vanEngelsdorp, Dennis (2009): "Salvar la abeja melífera", *Investigación y Ciencia*, 393: 22-29, junio.

Erwin, Douglas (1996): "La mayor extinción biológica conocida". *Investigación y Ciencia*, 240: 62-69, septiembre.

Levinton, Jeffrey (1993): "La edad de oro de la evolución animal". *Investigación y Ciencia*, 196: 44-52, enero.

May, Robert (1992): "Número de especies que habitan la Tierra". *Investigación y Ciencia*, 195: 6-12, diciembre.

McCalman, Iain (2014): "Preocupación por el coral". *Investigación y Ciencia*, 454: 70-73, julio.

McMenamin, Mark (1987): "La radiación de la vida animal". *Investigación y Ciencia*, 129: 72-80, junio.

Nijhuis, Michelle (2012): "¿Qué especies sobrevivirán?". *Investigación y Ciencia*, 433: 67-71, octubre.

Pauly, Daniel; Watson, Reg (2003): "Mares esquilmados". *Investigación y Ciencia*, 324: 16-22, septiembre.

Perry, Donald (1985): "Ecología de la selva tropical húmeda". *Investigación y Ciencia*, 100: 73-64, enero.

Pimm, S.; Jenkins, C. (2005): "Conservación de la biodiversidad". *Investigación y Ciencia*, 350: 34-41, noviembre.

Rützler, Klaus; Feller, Ilka (1996): "Manglares del Caribe". *Investigación y Ciencia*, 236: 8-13, mayo.

Safina, Carl (1996): "Las pesquerías mundiales, en peligro". *Investigación y Ciencia*, 233: 6-14, febrero.

Tabarelli, M.; de Fátima Marins, J.; Cardoso da Silva, J. M. (2002): "La biodiversidad brasileña amenazada". *Investigación y Ciencia*, 308: 42-49, mayo.

Vannier, Jean (2008): "Orígenes de la diversidad biológica". *Investigación y Ciencia*, 379: 80-87, abril.

Ward, Peter (2006): "Impacto desde las profundidades". *Investigación y Ciencia*, 363: 46-53, diciembre.

Wayt Gibbs, W. (2002): "La extinción de las especies". *Investigación y Ciencia*, 304: 53-61, enero.

Wilson, Edward (1989): "La biodiversidad, amenazada". *Investigación y Ciencia*, 158: 64-71, noviembre.

Wood, Rachel (2019). "El auge de los animales". *Investigación y Ciencia*, 515: 19-25, agosto.

Zimmer, Carl (2012): "Ecosistemas al borde del colapso". *Investigación y Ciencia*, 435: 62-67, diciembre.

Huellas geológicas

Anguita Virella, Francisco; Moreno Serrano, Fernando (1993): *Procesos geológicos externos y geología ambiental*. Madrid. Rueda.

Del Val, Joaquín (1989): "Factores de erosión". *Investigación y Ciencia*, 152: 72-81, mayo.

Montanarella, Luca; Pennock, Dan; McKenzie, Neil (2015): *Estado mundial del recurso suelo. Resumen técnico.* FAO.

Moyer, Michael (2010): "Agotamiento de los recursos naturales". *Investigación y Ciencia*, 410: 68-75, noviembre.

Syvitski, James [*et al.*] (2009): "Sinking deltas due to human activities". *Nature Geoscience*, 2, pp. 681-686, 20 september. doi.org/10.1038/ngeo629.

Waters, Colin N. [*et al.*] (2016): "The Anthropocene is functionally and stratigraphically distinct from the Holocene". *Science*, vol. 351 (6269), 8 Jan. DOI:10.1126/science.aad2622.

Zalasiewicz, Jan (2016): "Una historia estratificada. ¿Qué huellas dejaremos en el planeta?". *Investigación y Ciencia*, 482: 22-29, noviembre.

Zalasiewicz, Jan [*et al.*] (2017): "Scale and diversity of the physical technosphere: A geological perspective". *The Anthropocene Review*, vol. 4 (1) 9-22.

Pruebas químicas

Doney, Scott (2006): "La acidificación de los océanos". *Investigación y Ciencia*, 356: 50-57, mayo.

Foley, Jonathan (2010): "Límites de un planeta sano". *Investigación y Ciencia*, 404: 46-49, junio.

Mee, Laurence (2007): "Recuperación de zonas muertas". *Investigación y Ciencia*, 364: 46-53, enero.

Townsend, Alan; Howarth, Robert (2010): "El problema global del nitrógeno". *Investigación y Ciencia*, 403: 64-71, abril.

Vaccari, David (2009): "La crisis del fósforo". *Investigación y Ciencia*, 395: 22-27, agosto.

Velázquez, Federico; López, Federico; Hernández, Emiliano (2000): "Evolución del ozono troposférico". *Investigación y Ciencia*, 289: 76-81, octubre.

Cambio climático

Bell, Robin (2008): "Dinámica de los casquetes glaciares". *Investigación y Ciencia*, 379: 42-49, abril.

Hansen, James (2004): "El calentamiento global". *Investigación y Ciencia*, 332: 22-31, mayo.

Kump, Lee (2011): "El último gran calentamiento global". *Investigación y Ciencia*, 420: 28-33, septiembre.

Masters, Jeff (2015): "El comportamiento anómalo de la corriente en chorro". *Investigación y Ciencia*, 461: 52-59, febrero.

Peek, Katie (2016): "Adaptación climática. ¿Cómo nos cambiará el calentamiento?". *Investigación y Ciencia*, 482: 30-33, noviembre.

Rogers, Peter (2008): "La crisis del agua". *Investigación y Ciencia*, 385: 26-33, octubre.

Schneider, David (1997): "La subida de los mares". *Investigación y Ciencia*, 248: 67-73 mayo.

Sherbinin, A. de; Warner, K.; Ehrhart, C. (2011): "Víctimas del cambio climático". *Investigación y Ciencia*, 414: 56-63, marzo.

Solomon, Christopher (2015): "El Ártico enferma". *Investigación y Ciencia*, 463: 58-63, marzo.

Otros

Cearreta, Alejandro (2018): "¿Existe el Antropoceno?". *Investigación y Ciencia,* 506: 88, noviembre.

Peek, Katie (2016): "¿Cuándo comenzó el Antropoceno?". *Investigación y Ciencia,* 482: 28, noviembre.